扫码看视频·轻松学茶道

中国茶道·技术之道

Zhongguo Chadao
Jishu Zhi Dao

朱海燕　堵　茜　著

中国农业出版社
北京

图书在版编目(CIP)数据

中国茶道 : 技术之道 / 朱海燕, 堵茜著 . -- 北京 : 中国
农业出版社 , 2024. 8. -- (扫码看视频). -- ISBN 978-
7-109-32389-6

Ⅰ . TS971.21

中国国家版本馆 CIP 数据核字第 20248FL237 号

中国茶道·技术之道
Zhongguo Chadao Jishu Zhidao

中国农业出版社出版

地址：北京市朝阳区麦子店街18号楼
邮编：100125
责任编辑：郭晨茜
版式设计：刘亚宁　责任校对：吴丽婷
印刷：北京中科印刷有限公司
版次：2024年10月第1版
印次：2024年10月北京第1次印刷
发行：新华书店北京发行所
开本：700mm×1000mm　1/16
印张：10.75
字数：220千字
定价：78.00元

目录
Contents

扫码看视频·轻松学茶道
绿茶玻璃杯茶艺

扫码看视频·轻松学茶道
黑茶陶壶茶艺

扫码看视频·轻松学茶道《边城印象》

扫码看视频·轻松学茶道《你来得正是时候》

扫码看视频·轻松学茶道
《君山怀古　情系天下》

扫码看视频·轻松学茶道
《武陵红　寄乡愁》

扫码看视频·轻松学茶道
《安化谷雨擂茶》

中国茶道·技术之道

第一章
茶艺演变历程

Zhongguo Chadao
Jishu Zhi Dao

食用

　　茶，原本只是一片绿色的叶子，因其滋味丰富和具有保健功效而被发现应用，成为人们生活中如柴米油盐一般不可或缺的物品，被边疆人民誉为"生命之饮"。历代文人以茶入诗，将胸中的宁静淡泊、豪情壮志都尽数揉在茶诗、茶画之中，茶的生命开始有了更高层次的意义。人们也自然而然地开始在茶中融入自身的情感，在品茶时细细感受茶带来的精神享受。俄国文艺理论家车尔尼雪夫斯基在《艺术与现实的审美关系》一书中提出了"美是生活"的定义和"艺术的第一目的是再现现实生活"的学说，指出没有生活原型和现象就没有艺术发展的源头，艺术具有再现和说明生活的作用。因此，这种来源于生活，又融入了人们审美理想的泡茶方式，就是饮茶艺术，即茶艺。

一、中国茶艺的起源与历史演变

　　中国饮茶历史悠久，茶文化源远流长，茶艺作为茶文化的一种艺术表现形式也孕育而生。伴随着中国社会的发展变迁以及中外文化的交流，茶艺的文化意义、表演语境、表演文本等不断变化与重构，最终形成了当今形式丰富、各具特色的茶艺。

（一）茶艺起源的基础——茶成为饮品

　　茶从被发现到成为饮品经历了一个漫长的过程。在原始社会，人们采集野果、野菜和某些树木的幼嫩枝叶与稻、粟等谷物一同煮食，茶也由此作为一种食物而被人类发现和食用。在神农时期，人们发现了茶的解毒和治病功效，于是茶被作为药用。到了东汉时期，有典籍记载了茶的药性，如东汉华佗《食论》中有"苦荼久食，益意思"的记载，从中可以看出人们对茶的

药用

饮用

药用功能有了进一步的认知。明末学者顾炎武在《日知录》中说："自秦人取蜀而后，始有茗饮之事。"也就是说，至少在战国中期，四川一带已经有了饮茶的习俗，随着秦汉的统一，茶作为一种纯粹的饮品逐渐传播开来。西汉时期，王褒撰写的《僮约》中有"武阳买茶""烹茶尽具"的记载，可以证明，在当时茶已经成为一种纯粹的饮品，且有了专门饮茶的器具。

思考

　　由上述可见，茶的利用演变基于人类对茶的物质层面认知的改变，以充饥、解渴、治病为主，还未上升到精神层面。而饮茶这一行为逐渐向茶文化艺术形态转变，与历史上的社会经济发展、制度变革密不可分，同时，伴随着人口的流动与文化的交流，茶艺的表现形态和文化内涵趋向多样。

（二）茶艺的萌芽时期——晋

　　晋代杜育的《荈赋》是中国茶叶史上第一篇完整记载茶叶从种植到品饮全过程的作品，其中有对择器方法、择水方法、煎煮方法、茶汤鉴赏以及饮茶功效的描述，奠定了茶艺要素——茶、水、器、人、境等的基础。

小贴士

《荈赋》中对茶、水、器的描述：
茶："月惟初秋，农功少休，结偶同旅，是采是求"，即自采自制秋茶。
水："水则岷方之注，挹彼清流"，即取自岷江的清水。
器："器择陶简，出自东隅"，即选择产自东方的陶器。

（三）茶艺的雏形时期——唐

唐代，随着生产力水平的提高和农业生产工具的改进，茶叶作为主要经济作物，其生产得到较大发展。这都得益于大运河的开通、大量劳动力的南迁和社会生产力的不断进步，茶叶栽培、采摘、加工、贮藏等较前代更加科学，茶叶品质日渐优化，饮茶之风盛行。当时茶叶主要以团饼茶为主，流行煎茶的烹饮方式，主要包括备茶（烤茶饼、碾磨、罗茶）、备水、煮水、调盐、投茶（末）、育华、分茶、饮茶等步骤。

在唐代茶产业经济发展的同时，人们对于茶的利用与认知开始从物质、技术层面向精神、文化层面转变。一些禅宗僧人和文人雅士以茶会友，或借茶抒发情怀，因此茶被赋予了新的文化内涵，喝茶不再是为了解渴，而是成为他们的精神需求。茶诗与茶著也随之成为茶文化的载体，如唐代诗人李白、杜甫，诗僧皎然，道士吕岩等，皆有茶诗传世，陆羽的《茶经》、张又新的《煎茶水记》等茶叶著述为茶产业发展作出了极大的贡献。可以看出，唐代经济的繁荣与社会的开放为茶艺的产生提供了良好的环境。

其中，茶圣陆羽的《茶经》，规范了泡茶用水、泡茶器具、泡茶程序等，使得茶的烹饮开始规范化、程序化。因陆羽善于烹茶，常被太守请去试茗，于是烹茶开始有了表演意识。"有常伯熊者，又因鸿渐之论广润色之。于是茶道大行，王公朝士无不饮者。"据《封氏闻见记》记载，唐代御史大夫李季卿宣慰江南时，常请常伯熊表演煮茶，常氏在表演时，有一定的服饰、程序、

烤茶饼　　　碾磨　　　罗茶

分茶　　　育华　　　投茶（末）

唐代煎茶示意图

炙茶　　碎茶　　碾茶　　罗茶　　茶末置盒

品茶　　击拂　　注水　　投茶粉

宋代点茶示意图

解说，说明此时煮茶已是具有观赏性的艺术表演。可以看出，在唐代，茶艺在纯粹的茶叶烹饮技术上增添了表演行为，初步具备了舞台表演的审美功能。

（四）茶艺的发展时期——宋

宋代是茶叶生产、消费、贸易的兴盛时期，更是历史上茶饮活动及茶文化最兴盛的时期，茶叶生产高度商业化，宫廷茶文化盛行。当时的茶叶形态仍以饼茶为主，但制茶技术更为精细、科学，例如为使茶叶更好保存会在茶饼表面打蜡。点茶法兴起，主要包括备茶（炙茶、碎茶、碾茶、罗茶）、备器、选水、候汤、烫盏、调膏、注水、击拂等环节，且不再加盐调味，而是品尝茶的本味。

民间"斗茶""分茶"风气浓厚，增加了茶艺的趣味性与体验性。既然是"斗茶"，说明茶人的烹茶技术要在众人面前展现，这也是带有表演性质的烹饮行为。此外，宋代茶业的发展也促进了陶瓷业的进步，其中，建窑制造的黑瓷盏很受斗茶者的欢迎。精美的茶具增加了点茶的审美情趣，成为宋代茶道艺术的重要元素之一。

（五）茶艺的转折时期——元

元代，茶叶形态、饮茶方式已发生变化，"煮茶芽""烹茶芽"的方式渐渐流传开来。这一时期是中国茶艺发展的重要转折时期。元代，蒙古族成为社会的主导力量，游牧文化对中土汉地的农耕文化产生了巨大的冲击，虽然点茶法和煎茶法依然盛行，但散茶更为流行，大量散茶名品涌现。"石鼎内烹茶芽，瓦瓶中添净水"这种茶叶与水同煮的清饮方式更为清爽简约，更能品味出茶的"自然本性"。元代茶艺的演变，是多元民族文化交流与融合的结果，进一步证明了历史上人口的迁徙与文化的交流促进了茶艺的演变与发展。

明清瀹饮法

（六）茶艺的成形时期——明清

明清时期，开始流行瀹饮法，即将茶放进茶壶中用沸水冲泡，然后分到茶杯中饮用。这一时期是当代中国饮茶方式的大致格局和风貌的成形时期。明太祖朱元璋下诏"罢造龙团，惟令采芽茶以进"，破除了团饼茶的传统束缚，促进了散茶的蓬勃发展。随着饮茶方式的改变，瓷器茶具和紫砂茶具兴起，并沿用至今。制茶技术也不断创新和发展，普遍改蒸青为炒青，至清代，绿茶、红茶、乌龙茶、白茶、黄茶、黑茶六大茶类已全部形成。明清时期，中国当代茶艺的茶叶形态、茶叶类别、茶具、泡饮方式已基本定型，"小壶泡茶，小杯啜茶"的工夫茶艺成为主流。

今日，茶艺的表现形态和文化内涵日趋多样，仿古茶艺、民俗茶艺、宗教茶艺等各具特色。可见，茶艺的各个要素与表现形式是随着社会历史的发展而不断变化的，茶艺的传承与发展需要改革与创新。

思考

纵观中国茶艺的历史演变过程，可以发现茶艺的形成是社会历史进程中各种因素综合作用的结果，同时，也能反映出各个历史时期的社会经济、制度、文化状况。如唐宋时期的商品经济蓬勃发展，主要得益于商品性农业的迅速发展，而茶作为一种农产品最具代表性。反之，商品经济的发展又为茶文化的发展提供了适宜的环境，奠定了坚实的基础。因此，唐宋时期的茶文化发展可以视为唐宋时期经济发展的一个缩影。元代饮茶方式的简便化，很大程度上体现了中原汉地原有的制度文化、饮食文化、精神文化与蒙古族及其他少数民族文化得到了良好的交流，可以说元代茶文化见证与促进了中国民族文化的融合发展。明清时期茶艺的改变受社会制度的影响，是当时统治阶级轻徭薄赋体恤民力的体现，也推动了制茶技术、茶具、茶类的发展。综上所述，中国社会的进步、经济制度和社会组织的变迁、烹茶方式的变革等推动了中国茶艺的形成与演变，茶艺也为中国社会的发展贡献了力量，从这个意义上说，中国茶艺的历史演变与中国社会的历史变迁是互为因果、相辅相成的良性互动关系。

二、民俗茶艺的生成与文化意义

"千里不同风，百里不同俗。"中国是一个多民族国家，茶俗文化可以体现出中国各民族、各地区的文化特点。古往今来，以茶待客的传统礼俗在各民族、各地域的日常生活中普遍流行，不同民族、地域具有独特的民俗和审美倾向，其茶俗茶礼也各具特点，共同构成了中国茶艺体系。藏族酥油茶、蒙古族奶茶、维吾尔族香茶、潮州工夫茶、北京大碗茶、擂茶等百花齐放、异彩纷呈。

（一）民俗茶艺的形成之因

若要探究中国茶艺民俗性的成因与文化意义，同样需要了解各民族、各地域的生存环境、历史文化、生活风俗、经济发展等条件。因为每个少数民族聚居环境相对独立，缺乏文化交流，会形成自身独特的区域性文化，如独特的语言文字、宗教信仰、风俗习惯，同样也会形成不同的饮茶习惯。

1.藏族酥油茶

藏族主要分布在我国西藏，云南、四川、青海、甘肃等省份也有分布。西藏地势高，有"世界屋脊"之称，空气稀薄，气候高寒干旱，当地人以放牧或种植旱地作物为生，因此，常年以奶、肉、糌粑为主食，缺少蔬菜瓜果，又因茶具有补充膳食纤维、消食解腻的功能，在茶汤中加入酥油等佐料加工而成的酥油茶，就成为了藏族人民的主要饮品，也便有了"宁可三日不食，不可一日无茶"的说法。

藏族酥油茶

酥油，藏语称"芒"，色泽金黄或乳白，是藏族同胞用传统的手工工艺从牛乳中提炼分离出来的，是制作酥油茶的主要原料。制作酥油茶先要将砖茶捣碎加沸水，熬煮成汁，滤去茶渣后倾入木制或铜制茶桶内，加适量酥油和少量鲜乳充分混合，还可根据需要加入炒熟后的核桃仁、花生米、芝麻粉、松子仁、鸡蛋等，最后放入少量食盐。接着，用木杵在打茶桶内上下抽打，当桶内声音由"咣当、咣当"变成"嚓尹、嚓尹"时，茶、酥油、作料等便已混为一体，酥油茶就算制作好了，酥油茶可以单饮，也可以与糌粑粉合成团，与茶共饮。因含有较高热量，具有祛寒保暖、解饥充饭之作用。

喝酥油茶也有讲究，客人喝前要先用无名指蘸茶少许，弹洒三次，奉献给佛、法、僧三宝；饮茶时不能太急太快，更不能一饮而尽，而是要轻轻吹开茶水表面的浮油分饮数次，留一半左右等待主人添茶，随饮随添；细心的主人，应使客人的茶碗常满、茶水常温；客人喝茶时不能作响，而要轻轻饮吸，并赞美道："这酥油茶打得真好，油和茶分都分不开。"一般以喝三碗为吉利，若客人的茶碗已添满但不再喝时便不必再动茶碗，等到辞别时再端碗一口饮下，表示对主人的答谢。如有亲人要出远门，家人敬上一碗又一碗的酥油茶，临上马还得喝三碗才能启程，藏族同胞相信，来自东方的茶叶是吉祥之物，可以保佑旅行者逢凶化吉。

2. 蒙古族奶茶

蒙古高原是游牧民族的故乡，也是奶茶的发源地。蒙古族的饮食主要包括牛、羊肉以及各类奶食品，含有丰富的蛋白质和脂肪，但经常食用肉食会引起肠胃不适、消化不良、胆固醇过高等健康问题。自砖茶进入蒙古高原后，受藏族酥油茶的启发，蒙古族人民将牛奶与砖茶结合在一起，衍生出了蒙古族特有的奶茶，成为蒙古族饮食生活中必不可少的组成部分。

蒙古族喝的咸奶茶，多用青砖茶或黑砖茶，煮茶的器具是铁锅。煮奶茶时先将茶砖捣碎，

蒙古族奶茶

维吾尔族香茶

在洗净的锅中加入 2～3 升水，烧水至刚沸腾时，加入 25 克左右打碎的茶砖，水再次沸腾 3～5 分钟后，加入新鲜牛奶，牛奶的用量是水的 1/5 左右，搅拌之后加入适量食盐，等到整锅咸奶茶开始沸腾再放入少量炒米，这样咸奶茶才算煮好了。

3. 维吾尔族香茶

　　维吾尔族香茶流行于新疆南部维吾尔族聚居地区，当地居民进食馕时，喜与香茶伴食，平日也爱喝香茶。他们认为，香茶有养胃提神的作用，是一种营养价值极高的饮料，维吾尔族人民把香茶当作菜汤佐餐，实有"以茶代汤"之意，为一日三餐所必备。

　　煮香茶使用铜制的长颈茶壶，也有陶质、搪瓷或铝制长颈茶壶，喝茶用小茶碗。制作香茶时，先将茯砖茶敲碎，同时，在长颈茶壶内加水至七八分满，加热，当茶壶的水开始沸腾时，抓一把敲碎的茯砖茶放入铜质茶壶内熬煮 5 分钟，再加入预先准备好的适量姜、桂皮、胡椒、丁香等细末香料，轻轻搅拌，经 3～5 分钟即成。其汤色红味浓，香味醇正。现代医药学认为，胡椒能开胃，桂皮可益气，茶叶能提神，这三种物质混合后相互调补，相得益彰，使茶的营养保健功能有所加强。

4. 潮州工夫茶

　　潮州工夫茶是潮州饮食文化的重要组成部分，起于明代，盛于清代，《清朝野史大观·清代述异》称："中国讲究烹茶，以闽之汀、漳、泉三府，粤之潮州府工夫茶为最。"在《现代汉语词典》中，"工夫"与"功夫"音相同、意相近，但在潮州话中音不同、意也不同。"工夫"二字在潮州话中喻做事考究、细致而用心，而且"工夫"是一种泡茶的技法，因这种泡茶的方式极为讲究而得名。工夫茶推崇"和、敬、精、乐"的精神，是融精神、礼仪、沏泡技艺、巡茶艺术、评品质量为一体的完整的茶道形式，是"潮人习尚风雅"的表现。

潮州工夫茶

工夫茶以茶具精致小巧、烹制考究与以茶寄情为特点。翁辉东《潮州茶经》称："工夫茶之特别处，不在茶之本质，而在茶具器皿之配备精良，以及闲情逸致之烹制法。"工夫茶的茶具，往往是"一式多件"，一套茶具有茶壶、茶盘、茶杯、茶垫、茶罐、水瓶、龙缸、水钵、红泥火炉、砂铫、茶担、羽扇等，一般以 12 件为常见。工夫茶的茶壶，多用江苏宜兴所产的朱砂壶，要求"小浅齐老"，茶壶"宜小""小则香气氤氲，大则易于散烫""独自斟酌，愈小愈佳"；茶杯也宜小宜浅，犹如半只乒乓球，色白如玉，杯小则一啜而尽，浅则水不留底。人们还习惯将孟臣罐、若琛瓯、玉书碨、潮汕炉称为工夫茶的茶房"四宝"。所用茶叶，一般为半发酵的乌龙茶一类。工夫茶之"工夫"，全在茶之烹法，虽有好茶妙器，而不善冲，前功尽弃。有烹茶"十法"，即活火、虾须水、拣茶、装茶、烫盅、热罐、高冲、盖沫、淋顶与低筛。其中"低筛"是潮州工夫茶的特有筛茶方法，即把茶壶嘴贴近已整齐摆放好的茶杯，然后如"关公巡城"般连续不断地把茶均匀地筛洒在各个杯中，不能一次注满一杯，以示"一视同仁"，但一壶茶必须循环筛洒至茶水点尽，即所谓"韩信点兵，多多益善"。品工夫茶不同于一般喝茶，而是小杯小杯地品味。要先闻香、观汤色，再品味，讲究"热啜"，即趁热将茶汤吸入嘴中，让茶汤在嘴里打个滚，香味从舌尖逐渐向喉咙扩散，可谓畅快淋漓。潮州工夫茶特别讲究食茶的礼节，待茶冲完，主客总是谦让一番，然后请长者、贵宾先尝，杯沿接唇，茶面迎鼻，闻茶之香，一啜而尽。

2008 年，潮州工夫茶艺入选第二批国家级非物质文化遗产名录。后潮州市对茶壶执持手法、茶水比例、烹茶步骤、品饮方式等作出了相应的规范，对商务接待用潮州工夫茶艺也作了相应的规定，包括备器、生火、净手、候火、倾茶、炙茶、温壶、洗杯、纳茶、高注、润茶、刮沫、冲注、滚杯、洒茶、点茶、请茶、闻香、啜味、审韵、谢宾 21 道程序。

北京大碗茶

5. 北京大碗茶

喝大碗茶的风尚在我国北方最为流行,《前门情思大碗茶》就是描写儿时北京生活往事及大碗茶的情思,由此表达对故乡的热爱。早年北京大碗茶更是闻名遐迩。

大碗茶多用大壶冲泡或大桶装茶,大碗畅饮,热气腾腾,提神解渴。这种清茶较粗犷,颇有"野味",但它随意,不用楼、堂、馆、所,摆设也很简便,一张桌子,几张条木凳,若干个粗瓷大碗即可,因此,它常以茶摊或茶亭的形式出现,主要供过往客人解渴小憩。

大碗茶由于贴近社会、贴近生活、贴近百姓,受到人们的喜爱。即便是在生活条件已得到极大改善的今天,大碗茶仍不失为一种重要的饮茶方式。

6. 擂茶

擂茶根据地区不同,可分为桃花源擂茶、桃江擂茶、安化擂茶等。以生茶叶、生米、生姜为配料的擂茶,称"三生汤";添上茱萸、绿豆的,叫"五味汤";还有放七种配料的,叫"七宝擂茶"。

(1) 桃花源擂茶

流行于湖南常德桃花源一带。以擂茶待客是当地传统的、普遍的风俗,无论是婚丧嫁娶,还是亲戚朋友来访,擂茶都必不可少。制作擂茶的原料主要是大米、生姜、茶叶、花生、黄豆、绿豆、芝麻等。先把原料放在擂钵中,用木棒擂制成浆,称为"擂茶脚子"。木棒多为野山胡椒木,用其擂捣后,会留下淡淡的持久的香味。根据浓稠分为清水擂茶和糊糊擂茶。清水擂茶是在碗里放适量"擂茶脚子",再用少许冷水化开,然后冲上滚水。"糊糊擂茶"是在"擂茶脚子"中增加大米粉,放入锅内加水煮成糊状。喝擂茶时,桌上往往还要摆上一些农家自制食品,称为"压桌"。这些"压桌"酸甜咸辣,五味俱全,别有风味。2008年,桃花源擂茶习俗被列为湖南省省级非物质文化遗产,喝擂茶成了桃花源旅游的特色项目。

擂茶

（2）桃江擂茶

流行于湖南桃江，制法大致和桃花源擂茶相同，只是桃江擂茶一般放糖，为"甜饮"，而桃花源擂茶则放盐，大多为"咸食"。桃江擂茶已列入湖南省益阳市非物质文化遗产名录。

（3）安化擂茶

流行于湖南安化一带，种类众多，按地域分，有"前乡"以梅城为代表的"米擂茶"，"后乡"以四都奎溪坪、一都江南坪、小淹、龙塘及三都的东坪、中砥等为代表的"谷雨茶"等约十种类别；按时节分，每月每季有所不同，如炎夏放绿豆、花生、生姜、茶叶等，用开水冲的叫"清水擂茶"，加大米等要煮沸的叫"米擂茶"；滋味有咸有甜。现今市面上还有简便的袋装擂茶和冰擂茶。

（4）宁乡沩山擂茶

流行于湖南宁乡沩山一带，安化擂茶、桃江擂茶两种特色兼而有之。基本上保留了"五味汤"的特色，为了增加香味，除了姜是生的外，其余都炒过，"擂茶脚子"很少，属于清水擂茶类。在隆重的待客场合，会配米花糖、炸糍粑、炒玉米、红薯片、坛子菜等茶点，当地人称为"巧果"。2014年，沩山擂茶成功入选长沙市非物质文化遗产名录。

（5）临川擂茶

流行于江西临川一带。相传始于南宋，当时疫病流行，乡民把茶叶、生姜、胡椒、芝麻、糯米、食盐拌在一起捣碎，冲泡取饮，终于病除。后相沿成俗，广泛饮用。婚嫁添丁，逢年过节，亲友来访都会喝擂茶。擂茶成为幸福美满、吉祥如意的象征。

（6）赣南擂茶

流行于江西南部农村。将茶叶、芝麻、花生米加入少量食盐，置于擂钵中，用擂槌（木棒）碾碎成糊状，然后入锅煮开即可饮用。每当客人上门，主人便会亲手制作擂茶。遇到婚嫁、添丁、孩子满月或过生日等喜事，主人也都会制作擂茶。农忙时节煮制擂茶，常配以米果（饼类食物）佐餐。2014 年，赣南客家擂茶制作技艺被列入第四批国家级非物质文化遗产代表性项目名录。

（7）将乐擂茶

流传于福建将乐县一带。制作时先将茶叶置于擂钵钵底，掺以白芝麻、花生仁等，手握擂棍在钵中来回旋转，研磨成碎泥用捞瓢捞起，用白纱布筛滤后投入瓷壶，往壶内倒入滚沸开水，加盖热闷 3 ~ 5 分钟即成，斟入茶碗趁热分饮。茶色乳白，初饮口舌生津，齿颊留香；二口深饮，气爽神清，五内透畅。2008 年，将乐擂茶制作技艺被福建省人民政府列入第二批省级非物质文化遗产名录。

（8）土家族擂茶

流行于湘、黔、川、鄂交界的武陵山土家族聚居地。土家族擂茶与将乐擂茶同出一源，但风格各异。主要的差别有三：一是将乐擂茶的擂棒多用茶树枝或白蛇藤制成，土家族擂茶多用山茶木制成；二是将乐擂茶以普通茶叶、芝麻为主料，一般不加大米，而土家族擂茶以新鲜茶叶、生姜、生米为主料；三是将乐擂茶用热开水即冲即饮，而土家族擂茶是加水煮沸或用沸水冲熟，夏天则用冰开水调饮。土家族人把擂茶当作日常饮料，吃饭之前总要先喝几碗。土司擂茶制作工艺于 2008 年被列入湘西非物质文化遗产保护名录。

思考

茶俗是一个民族或地域的人民的心理意识、价值取向、生活习性等的集中体现，往往需要很长时间才能成形，具有实用性、稳定性，长久地影响着本民族或本地域人民的精神与生活。

（二）民俗茶艺的文化意义

从茶俗文化产生的原因与情境来看，其实用功能是远大于其他功能的，即茶俗更侧重于喝茶和食茶，主要解决的是人们的生理需要、物质需要。但随着这些风情各异的茶俗被用来迎接贵客、庆祝节日，并经过茶艺师的精心提炼与加工，各民族各地域的饮茶习俗成为真正意义上的茶艺，其艺术性与文化意义便凸显了出来，我们从中可以窥探出中国各民族、各地域的文化行为与审美取向。比如湖南擂茶，是一种具有湖南特色的民族饮用方式，也是湖南人民迎接贵客的一种隆重的礼节，因其制作过程充满情趣而被提炼成一种茶艺表演。我们可以看到茶艺师身着蓝色碎花茶服，头戴碎花头巾，随着欢快的音乐为观众表演打擂茶，可能还会邀请观众一起制作擂茶，颇有乐趣与互动性，有很强的观赏性与艺术性。音乐、服饰和器具，都融入了湖南文化的特点，湖南人热情好客、善良淳朴的性格在擂茶茶艺表演的过程中得到了充分展现。除此之外，茶作为表达礼敬的载体，也进一步地融入了中国人民的生活，如祭祀、寿诞、婚礼等场合均有茶的身影。茶事婚俗也被提炼加工成了新娘茶茶艺，寄托了人们对结婚、传宗接代等人生大事的美好期盼。

思考～～～～～

> 民俗茶艺的文化意义正在于它能与当地的建筑、服饰、语言、音乐、器具等要素共同向观众传达该民族、该地域的生活习惯、审美特征、风土人情等，寄托了人们的美好愿景。

三、中国茶艺谱系

（一）中国茶艺谱系的分类

分类是研究一个领域或学科的基础。生物学谱系根据生物类群的异同程度，把生物划分为界、门、纲、目、科、属、种七个主要级别，以阐明生物类群之间的亲缘关系、基因遗传和进化过程。语言谱系的分类借助了生物学分类的方法，依据语言的亲属关系、历史来源分为语系、语族、语支。借助生物学谱系和语言学谱系的分类方式，将中国茶艺分为茶艺系、茶艺族、茶艺支、茶艺种，种是基本单位，向上依次是支、族、系，即系＞族＞支＞种。茶艺系是指中国完整的茶艺演化系统；茶艺族是茶艺系的延伸，即主干直系茶艺；茶艺支是茶艺族的支系茶艺；茶艺种是茶艺支下茶艺的具体类型。

具体来说，中国目前所产生的所有的茶艺均属于中国茶艺系，根据茶艺于不同表演语境下产生的表演文本的风格，可将其分为古代茶艺族、民族茶艺族、茶类茶艺族、场景茶艺族、赛事茶艺族。其中，古代茶艺族是指中国历史上各个朝代的烹饮方式，分为唐代茶艺支、宋代茶艺支、元代茶艺支、明清茶艺支；民族茶艺族根据中国各个民族进行分类，以呈现出不同民族与地域的人文风俗、生活习惯、文化传统、审美认知、宗教信仰等；茶类茶艺族是按茶品的品质特征规范出的不同茶类的基础茶艺，分为绿茶茶艺支、红茶茶艺支、黄茶茶艺支、白茶茶艺支、青茶茶艺支、黑茶茶艺支以及其他茶类茶艺支；场景茶艺族即依据泡茶应用的场景和环境分类，分为生活茶艺支、工作茶艺支、舞台茶艺支；赛事茶艺族既相对独立又与其他茶艺族相联系，特指茶艺大赛中的比赛项目，即分为规定茶艺支、品饮茶艺支、创新茶艺支。

中国茶艺谱系分类表

系	族	支	种
中国茶艺系	古代茶艺族	唐代茶艺支	煎茶茶艺、宫廷茶艺
		宋代茶艺支	点茶茶艺
		元代茶艺支	煮茶清饮茶艺、奶茶茶艺、酥油茶茶艺、花茶茶艺
		明清茶艺支	瀹饮茶艺、工夫茶艺
	民族茶艺族	汉族茶艺支	大碗茶茶艺、长嘴壶茶艺、潮州工夫茶茶艺……
		蒙古族茶艺支	蒙古族奶茶茶艺
		藏族茶艺支	藏族酥油茶茶艺
		白族茶艺支	白族三道茶茶艺、雷响茶茶艺、药茶茶艺……
		苗族茶艺支	油茶茶艺、百抖茶茶艺、虫茶茶艺……
		傣族茶艺支	竹筒茶茶艺
		纳西族茶艺支	龙虎斗茶艺
		……	……
	茶类茶艺族	绿茶茶艺支	西湖龙井茶艺、古丈毛尖茶艺、保靖黄金茶茶艺……
		红茶茶艺支	工夫红茶茶艺、正山小种茶艺、滇红茶艺……
		黄茶茶艺支	君山银针茶艺、沩山毛尖茶艺、蒙顶黄芽茶艺……
		白茶茶艺支	白毫银针茶艺、白牡丹茶艺、寿眉茶艺……

（续）

系	族	支	种
中国茶艺系	茶类茶艺族	青茶茶艺支	铁观音茶艺、凤凰单丛茶艺、东方美人茶艺……
		黑茶茶艺支	茯砖茶艺、千两茶艺、六堡茶艺……
		其他茶类茶艺支	茉莉花茶艺、茅岩莓茶艺……
	场景茶艺族	生活茶艺支	待客茶艺、节日节庆茶艺、祭祀茶艺
		工作茶艺支	政务茶艺、商务茶艺、服务茶艺
		舞台茶艺支	仿古茶艺、民俗茶艺、宗教茶艺、创新茶艺
	赛事茶艺族	规定茶艺支	绿茶规定茶艺、红茶规定茶艺、黄茶规定茶艺、白茶规定茶艺、青茶规定茶艺、黑茶规定茶艺
		品饮茶艺支	绿茶品饮茶艺、红茶品饮茶艺、黄茶品饮茶艺、白茶品饮茶艺、青茶品饮茶艺、黑茶品饮茶艺
		创新茶艺支	文学历史主题茶艺、家国情怀主题茶艺、茶旅融合主题茶艺、茶风茶俗主题茶艺……

（二）中国茶艺谱系的演进

达尔文在《物种起源》中指出，物种的形成经过了一代代的自然选择，这个过程是变异的逐渐积累，是循序渐进的。正如物种的演进，茶艺谱系的演进也是渐进式的，随着环境的改变而产生变化。从谱系的角度来说，茶叶、冲泡程序、行茶手法、器具等文本可以看作是茶艺演进过程中的基因，维持了茶艺的基本形式与特征，而文化、地理位置等是环境因子，决定了茶艺的发展变化，当环境改变时，茶艺文本会做出新的调整，即分化、变异，逐渐演变为当代复杂多样的茶艺表演。

中国茶艺谱系的演进有三种模式。第一种是遗传，即上一代的基因遗传给下一代，下一代保留了上一代的基本特点；第二种是分化，即人类生存行为的分工使茶艺之间形成了形态与功能差异；第三种是变异，即受环境影响和异源文化的影响，茶艺的动作、程序、文化、器具等基因发生改变或重组，从而产生新的茶艺类型。

朝代茶艺族中，烹茶饮茶的方式随朝代的更替，经历了唐代煎茶法、宋代点茶法到明清瀹饮法的发展变化。冲泡程序逐渐转为简约，茶叶形态由团饼茶向散茶转变，六大茶类逐渐形成，盖碗和紫砂壶等泡茶器具出现。现代，茶类茶艺族保留了明清瀹饮法的基本形态，遗传了明清茶艺支的冲泡程序、茶叶形态、茶具、文化等基因，因此两者具有"血缘"关系。茶类茶艺族又因使用场合、服务对象的需求不同，而分化出具有不同功能的场景茶艺，主要可分为生活茶

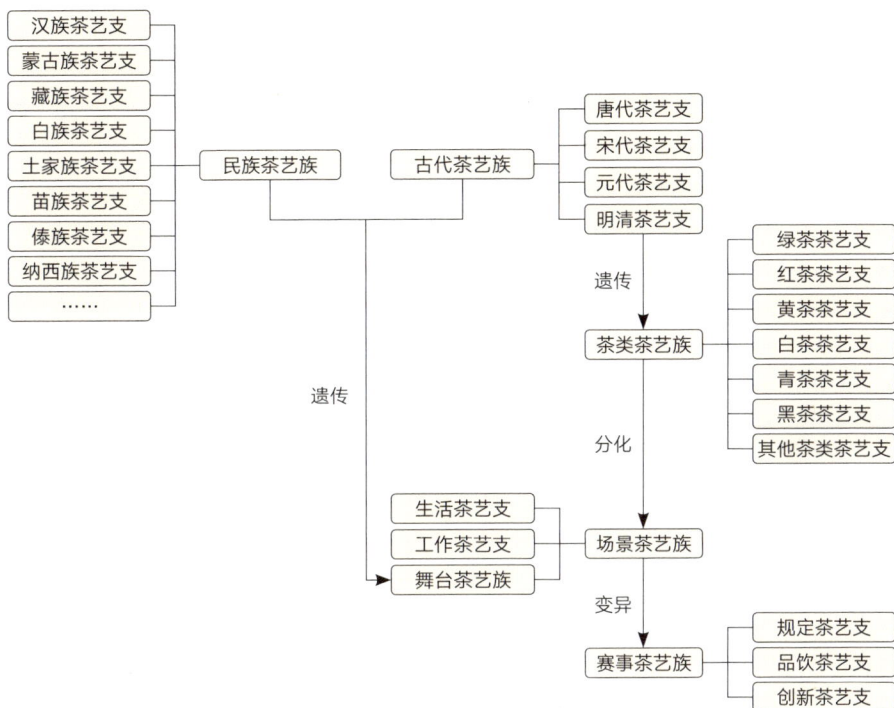

中国茶艺谱系演进图

艺支、工作茶艺支和舞台茶艺支。同时，舞台茶艺支中的仿古茶艺遗传了朝代茶艺族的基本特征，民俗茶艺遗传了民族茶艺族的基本特征，只是表现形式舞台艺术化了。

场景茶艺族向赛事茶艺族演进的模式为变异，是在宏观语境和人为因素的影响下，茶艺产生出的新的表现型。赛事茶艺族为茶艺大赛中的比赛项目，是因人为规定而产生的新的茶艺类型。其中，规定茶艺支是生活茶艺与舞台茶艺基因重组的结果，既保留了生活茶艺中的程序、器具、礼仪，又结合了舞台茶艺中的动作、音乐、表情、服饰。品饮茶艺支是生活茶艺与工作茶艺基因重组的结果，模拟生活和工作中的泡茶场合，主要考察茶艺师的冲泡技术、临场应变能力、礼仪素养。创新茶艺支是舞台茶艺的变异，随着东西方文化的碰撞与交融，以及中国经济文化的高速发展，社会大多数人的审美能力不断提高，审美也更加多元化，对茶艺表演的功能性、寓意性、情感表达能力的要求越来越高。创新茶艺支除了表现形式、肢体动作、茶席设计、背景音乐等产生了新的基因型，最有进步的是产生了新的基因——主题。变异是生物进化的基础，因此主题是中国茶艺发展的动力与灵魂，是茶艺表演焕发无限生机的源泉。

四、主题茶艺的产生与特点

"主题"一般是指文艺作品中所表现的中心思想，顾名思义，"主题茶艺"是指有中心思想的茶艺作品。从上述中国茶艺谱系的分类与演进的角度来看，主题茶艺属于创新茶艺支，是舞台茶艺支的变异，其中，主题是创新茶艺的新基因，是促进中国茶艺发展的重要基因。

"主题茶艺"一词于2001年在上海国际茶文化节上由寇丹提出。他认为主题茶艺古已有之，唐代以来的重大茶会、茶宴都是有主题的，在民间以茶款待亲友，主题茶艺的基础是茶文化的本质与当地文化特色，可起到传播文化与思想的作用。他指出中国茶文化活动的发展离不开主题茶艺的创作，提倡开展主题茶艺创造、进行茶艺表演评比和主题茶艺研讨。而主题茶艺真正兴起与发展得益于"创新茶艺"成为茶艺技能比赛项目，由此开启了主题茶艺"百花齐放，推陈出新"的新局面。2010年3月19日至22日，由国家级实验教学示范中心联席会植物（动物）学科组主办的"首届全国大学生茶艺技能大赛"在湖南农业大学举行，首次在赛程中将"创新茶艺"列为选手参赛项目。"创新茶艺"顾名思义该项目要求对茶艺有所创新，茶艺师需要自己选取主题，自行准备茶叶、茶具，布置泡茶环境，以考查茶艺师的艺术创造能力、艺术表达能力、思想深度以及个人修养。

以历届全国大学生茶艺技能大赛个人创新赛评分指标为例，从2014年开始，主题立意分数上调到25分，权重占比较高，是除茶汤质量外评委关注的重点内容。因此，"创新茶艺"的关键是主题的创新，它是整个茶艺作品营造意境、表达情感的基础。一个好的主题应具有文化深意，能引起观众思想与情绪上的共鸣。总的来说，主题茶艺在茶艺发展中占据着重要的地位，具有较高的研究价值。

历届全国大学生茶艺技能大赛个人创新赛评分指标

年份	立意	礼仪及仪容仪表	茶艺演示	茶汤质量	文本及解说	时间
2010	10	—	40	30	15	5
2014	25	—	25	25	10	5
2016	25	5	30	30	5	5
2018	25	5	30	30	5	5

注：2010年与2014年茶艺演示分数包括礼仪、仪容仪表，2014年还有10分是回答问题。

　　茶艺表演是一类文化艺术表演，之所以被归类为"表演"，是因为它的作品要通过与表演或表演类对象的体验性接触来欣赏。因此，我们可以用表演的视角去分析主题茶艺的产生，探究主题茶艺的本质特点。根据鲍曼的表演理论，表演是一种情境性行为，它在相关的语境中发生，并传达着与该语境相关的意义。任何一个表演行为都会受到一些基本规则的制约，这些规则由一系列文化主题以及伦理的和社会互动性的组织原则构成。而这些文化主题，即历史、文化、道德、规范、习俗、信仰、语言等内容共同构成了表演的宏观语境，影响着表演文本的发生。主题茶艺的产生也与社会政治、经济、文化、人们的审美观念等因素有关，其表演文本是随着不同的表演语境而不断变化的。另外，每一次茶艺表演都会受到具体语境的影响，包括表演时间、地点、观演群体、目的、活动主题等，这些要素会直接作用于表演者，使表演文本发生改变。

　　主题茶艺的文本不仅仅指解说文案这种文字性的文本，茶叶、器具、茶席、背景、音乐，以及表演者的礼仪、动作、表情、服饰等都是文本，共同协助表达茶艺主题。早期的茶艺表演，是生活茶艺、民族茶艺、朝代茶艺的"再语境化"。"再语境化"是指一个文本被放入一个新的语境时，其形式、功能、意义发生改变的过程。如仿古茶艺、民俗茶艺、传统茶艺的表演，将古人的饮茶方式、少数民族的饮茶习俗、当代人的生活泡法搬上舞台，还原了器具、茶叶、服饰、冲泡程序等文本，又因从生活语境转向舞台语境而产生了音乐、解说、背景等新的文本，表演者的肢体动作、表情、眼神、妆容等文本发生改变，经艺术化处理以适应舞台，增加了茶艺表演的表现力与可欣赏性。但我们不难发现，早期的舞台茶艺表演是不强调主题的，其表演文本并不服务于主题的表达，且大多数表演的文本"千篇一律"。例如，其解说主要是解释每一步泡茶程序如何操作以及该步骤的目的，背景音乐多使用古琴、古筝等弹奏的中国古典音乐。

　　随着茶艺表演的普及，逐渐被大众广泛接受和认可，茶文化研究与传播工作者们意识到茶艺表演现状不利于中国茶艺的发展，茶艺表演需要创新。在快速发展的新时代，社会的需要、茶产业的发展、传统文化的复兴、中西方文化的交流，推动着茶艺表演语境不断转变，表演文本得到扩充，这些都为茶艺表演提供了更多新的观念、新的形态和新的载体，更精准地传达思想与文化成为茶艺表演新的使命，主题茶艺应运而生。主题茶艺不再单纯追求视觉上的好看，更要给观众传输文化、知识、想法、概念，引导观众思考人生哲理、关注社会弱势群体，或令观众产生情感共鸣。编创者选定一个主题后，茶品的文化韵味、音乐的情感表达、解说词的中心思想、茶席的意象都应贴合主题，以便最终呈现给观众具有观赏性、艺术性、启示性、文化性的茶艺作品。同时，用"茶艺演示"代替"茶艺表演"，以强调内在的文化性。

第二章
茶艺基本规范

Zhongguo Chadao
Jishu Zhi Dao

展玻璃杯

《韩非子·解老》云："万物莫不有规矩。"自然规律是规矩，如四季轮回、物种演化；社会习俗是规矩，如生活伦理、各地风俗；规章制度是规矩，如法律法规、组织纪律。陆羽在《茶经》中对唐代煮茶法进行了一系列的规范，从选茶、用水、择器、炙茶、碾磨、筛粉、煮水、加盐、点水、分茶到品尝，各个环节都有严格的要求，形成了一套完整的茶艺程式。在当代，茶艺尽管呈现形式丰富多样，但冲泡、品饮都有基本技术规范。

一、行茶手法规范

（一）展具手法

双手端杯，两臂对称打开，茶具为双手的最高点，即将茶具"托"起，托至胸前，并距胸1～2拳，不宜太近，也不宜太远。

展具时，保持端杯的高度，先向右45°推出，逆时针旋转展示至左45°收回。眼随手动，眼睛看向手方向的观众以进行交流。

1. 玻璃杯

右手（左手）五指并拢握住离杯口1/3以下处的杯身，左手（右手）轻托杯底，大拇指收进掌心。

展盖碗　　　　　　　　　　　　　　　展紫砂壶　　　　　　　　　　　　　　展公道杯

2.盖碗

双手托住盖碗杯托。展具时，左手（右手）托杯托，右手（左手）中指轻搭盖钮。女士可稍作兰花指，男士五指并拢。

3.紫砂壶

右手（左手）大拇指、中指捏住壶把，无名指与小拇指并列抵住中指，食指前伸略呈弓形按住盖钮或盖。左手（右手）轻托壶底，大拇指收进掌心。

4.公道杯

无把：右手（左手）五指并拢握住公道杯杯身，左手（右手）轻托杯底，大拇指收进掌心。

有把：右手（左手）大拇指、食指、中指捏住公道杯杯把，左手（右手）轻托杯底，大拇指收进掌心。

（二）展茶手法

双手捧起茶荷，两臂对称打开，茶荷为双手的最高点，托至胸前，并距胸 1～2 拳，不宜太近，也不宜太远。

展茶时，保持胸前高度，茶荷微微向前倾斜显露出茶叶，先向右 45° 推出，逆时针旋转展示至左 45° 收回。眼随手动，眼睛看向手方向的观众以进行交流。

小贴士

右手茶席逆时针展具、展茶，左手茶席顺时针展具、展茶。在茶礼中表示"来来来""欢迎"的意思。

展品茗杯

展茶

投茶

（三）投茶手法

保持展茶高度，左手平握茶荷，右手拿茶匙，食指抵在茶匙柄 2/3 处，茶匙轻轻斜靠在茶荷上，女士可稍作兰花指，男士手指并拢。

推至杯口（壶口）上方，令茶荷倾斜、荷口朝右对准，右手拿茶匙将茶叶缓缓拨入杯中（壶中）。

（四）注水手法

右手（左手）五指握住提梁壶的提梁，提至右肩高度，并距右肩 1 ～ 2 拳，不宜太近，也不宜太远。左手（右手）中指轻抵盖钮。男士可单手提壶。推至杯口（壶口）上方，头正身直、双肩平齐。

1. 回旋低斟

右手提壶，逆时针回旋注水；左手提壶，顺时针注水。令水流沿杯（壶）的内壁注入，最后收腕断流。

2. 低斟高冲

右手（左手）提壶，令水流从杯口（壶口）一侧低斟注入，然后慢慢拉高水流，最后收腕断流。

3. 回旋高冲

右手（左手）提壶，先回旋低斟 1 ～ 2 圈，再定点杯口（壶口）一侧拉高水流，最后收腕断流。

4. 凤凰三点头

右手（左手）提壶，低斟—高斟—低斟—高斟—低斟—高斟，水流三起三落，且要求水流不间断，最后收腕断流。

1　玻璃杯摇杯
2　盖碗摇杯
3　紫砂壶摇杯
4　公道杯摇杯
5　品茗杯摇杯

1	2	3
4	5	

（五）摇杯（壶）手法

1. 玻璃杯

　　右手(左手)五指并拢握住杯口 1/3 以下处的杯身，左手(右手)轻托杯底，大拇指收进掌心。也可将玻璃杯放置在茶巾上。

　　以杯底为轴心，右手茶席，逆时针摇杯；左手茶席，顺时针摇杯。洁具时，杯身倾斜角度较大，使水充分浸润玻璃杯的内壁。润茶摇香时，杯身倾斜角度较小，旨在充分浸润茶叶。

2. 盖碗

　　右手（左手）虎口分开，食指屈伸按住盖钮，大拇指与中指握住盖碗沿两侧，无名指自然搭扶碗壁。左手（右手）轻托杯底，大拇指收进掌心。也可将盖碗放置在茶巾上。

　　以盖碗杯底为轴心，右手茶席，逆时针摇杯；左手茶席，顺时针摇杯，杯身倾斜角度不宜太大。

3. 紫砂壶

　　右手（左手）大拇指、中指捏住壶把，无名指与小拇指并列抵住中指，食指前伸略呈弓形按住盖钮或盖。左手（右手）轻托杯底，大拇指收进掌心。也可将紫砂壶放置在茶巾上。

　　以紫砂壶底为轴心，右手执壶时，逆时针摇壶；左手执壶时，顺时针摇壶，壶身倾斜角度不宜太大。

4. 公道杯

　　右手（左手）五指并拢握住公道杯杯身，左手（右手）轻托杯底，大拇指收进掌心。

盖碗出汤

紫砂壶出汤

以杯底为轴心，右手拿杯，逆时针摇杯；左手拿杯，顺时针摇杯。洁具时，杯身倾斜角度应较大，以使水充分浸润公道杯的内壁。

5. 品茗杯

右手（左手）大拇指、食指、中指捏住杯身，左手（右手）轻托杯底，大拇指收进掌心。

以杯底为轴心，右手拿杯，逆时针摇杯；左手拿杯，顺时针摇杯。洁具时，杯身倾斜角度应较大，以使水充分浸润品茗杯的内壁。

（六）出汤手法

1. 盖碗

在盖碗左侧（右侧）留出一条小缝，右手（左手）虎口分开，食指屈伸按住盖钮，大拇指与中指握住盖碗沿两侧，无名指与小拇指自然搭扶碗壁。

右手（左手）持盖碗移于公道杯上方，向左侧（右侧）翻转手腕，使盖碗杯口与桌面垂直，水从缝隙中流入公道杯。左手可轻托杯底。

2. 紫砂壶

右手（左手）大拇指、中指捏住壶把，无名指与小拇指并列抵住中指，食指前伸略呈弓形按住盖钮或盖，注意不要摁住盖上的气孔。

右手(左手)持紫砂壶移于公道杯上方，向左侧(右侧)翻转手腕，使紫砂壶壶嘴与桌面垂直，水从壶嘴流出，进入公道杯。左手可轻托壶底，太烫还可借助茶巾托住壶底。

1 分汤
2 伸掌礼
3 玻璃杯举案齐眉礼
4 盖碗举案齐眉礼
5 品茗杯举案齐眉礼
6 品茗杯伸掌礼

1	2		
3	4	5	6

（七）分汤手法

　　右手（左手）握住公道杯，五指并拢，将茶汤低斟入品茗杯，以七分满为宜。注意不要将公道杯杯底对着客人。

　　若品茗杯数量较多，则右手边的使用右手斟茶，左手边的使用左手斟茶，换手时可于茶巾上转换公道杯的方向。

（八）奉茶手法

　　举案齐眉礼：双手端着盛有茶汤的茶器，举至与眉同高，再推出行礼。

　　伸掌礼：右手五指并拢，稍弯曲，掌心斜向上 45° 伸出，示意"请""请喝茶"。

1. 玻璃杯

　　双手端起玻璃杯，右手扶杯身，左手托杯底，而且扶杯身的手指应放置在离杯口三分之一处，忌直接用手指抓住杯口奉茶。行举案齐眉礼。

　　奉茶给宾客时，双手端杯，但不要高举，而且应与客人保持 20 厘米左右的距离。置杯时，要尽量避免杯具碰撞发出声音，并且将杯置于客人的右手侧。然后行伸掌礼。

2. 盖碗

　　双手托杯托，连杯身、杯盖一同端起，行举案齐眉礼。

　　奉茶给宾客时，双手或右手端杯托。置杯时，要尽量避免杯具碰撞发出声音，并且将杯置于客人的右手侧。然后行伸掌礼。

1 玻璃杯品茶
2 盖碗品茶
3、4 品茗杯品茶

1	2
3	4

3. 品茗杯

　　双手拿杯托，行举案齐眉礼。

　　奉茶给宾客时，双手端杯托，或左手捧茶盘底部，右手端杯托。置杯时，要尽量避免杯具碰撞发出声音，并且将杯置于客人的右手侧。然后行伸掌礼。

（九）品茶手法

1. 玻璃杯

　　双手端起玻璃杯，用右手握住杯的中部，左手轻托杯底品茶，手指并拢。

2. 盖碗

　　双手端起盖碗，用左手托杯托，右手使杯盖朝外开口，将飘在表面的茶叶轻轻拨开，然后品茶。

3. 品茗杯

　　右手大拇指、食指捏住杯身中部，中指托住杯底，呈"三龙护鼎"状持杯，左手手指轻托茶杯底品茶。女士可稍作兰花指，男士可单手持杯。

绿茶玻璃杯茶艺茶席布置（平视）

绿茶玻璃杯茶艺茶席布置（俯视）

二、绿茶茶艺规范

（一）绿茶玻璃杯茶艺

1. 布席

（1）茶叶

条索紧细的绿茶若干，如古丈毛尖、碣滩茶、黄金茶、信阳毛尖等。

（2）器具

主泡器：直筒玻璃杯、杯垫各三。

煮水器：汤壶或者随手泡各一。

备茶器：茶荷、茶匙、茶匙枕、茶叶罐各一。

辅助器：茶巾、水盂、花器（含花）、奉茶盘、茶桌、座椅各一；铺垫若干。

茶具布置按"美观实用，符合礼仪"的基本原则摆放。

1　站姿（女士）
2　行礼
3　坐姿（女士）
4　坐姿（男士）

2. 步骤

（1）行礼入座

　　司茶站立于座位右侧或左侧。女士双脚分开呈 45° 角或丁字位，双手虎口相交放于腹前，右手搭在左手上，大拇指收进掌心。抬头挺胸，目光平视前方，保持微笑。男士双脚自然分开与肩同宽，双手可自然下垂。

　　缓缓向前鞠躬 45°，头、颈、背呈一条直线。停顿 2 ~ 3 秒钟。

　　从右侧入座时，女士左脚向左跨至凳子前方，右脚跟随，双手手背抚裙坐下，坐在凳子 1/2 ~ 2/3 处，双腿并拢，双手自然搭在茶巾上。男士左脚向左跨至凳子前方，右脚跟随，双手轻提裤腿坐下，坐在凳子 1/2 ~ 2/3 处，双腿自然分开，双手半握拳左右搭在茶桌上。如从左侧入座，则右脚向右跨至凳子前方，左脚跟随。

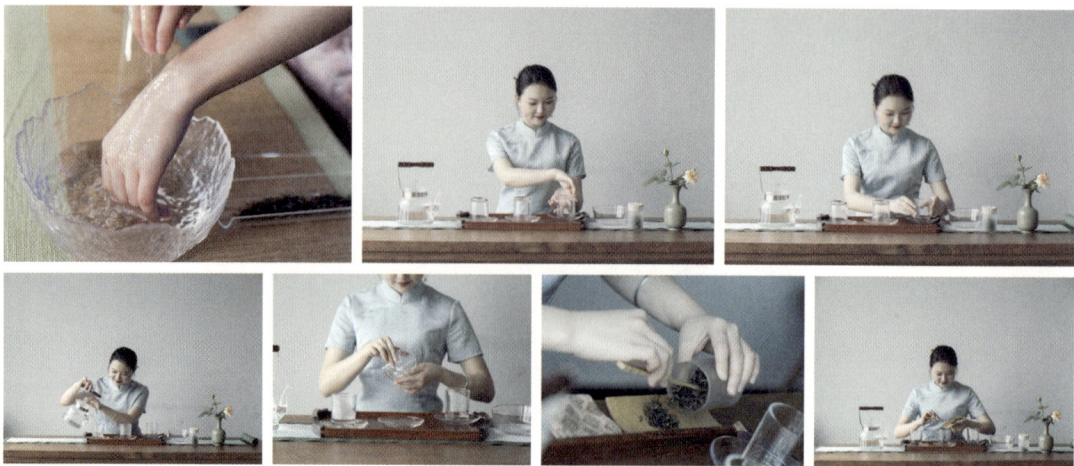

1　净手　　4、5　洁具
2　翻杯　　6　取茶
3　放杯　　7　投茶

1	2	3
4	5	6	7

（2）净手

保证双手洁净的要求有：禁止留过长的指甲；禁止使用有色指甲油；禁止使用香味浓的洗手液；禁止使用香水。泡茶前净手，是对客人表达敬意的礼仪。

舀水至手心手背，以湿润双手。

使用茶巾轻拭双手。

（3）展具

右手虎口向下、手背向左（即反手）握住玻璃杯的左侧杯身，左手位于右手手腕下方，用大拇指和虎口部位轻托茶杯的右侧，双手协调翻转杯口，使其朝上。

保持端杯高度，逆时针展具，眼随手动。

（4）洁具

泡茶者在客人面前用热水将茶器具再次烫洗，这样不仅能提高杯温、壶温，而且能够体现出泡茶者对礼仪的讲究与对客人的敬重。

右手提壶向玻璃杯逆时针回旋低斟，约注 1/3 水量汤壶复位。

双手拿起玻璃杯，逆时针摇杯 2 ~ 3 圈，使热水浸润 2/3 的玻璃杯内壁。

将玻璃杯置于水盂上方，逆时针转动将水完全倒出。

（5）赏茶投茶

用竹或木制的茶匙将茶从密封性好的茶筒中取出，置于茶荷中，忌用手抓。

双手捧茶荷，先自己欣赏，再展茶。

左手拿茶荷，右手拿茶匙，分三次将茶叶缓缓拨入玻璃杯中。茶水比一般为 1：50，如茶叶 3 克，水 150 毫升。喜浓者投茶量可多些，浸泡时间适当延长；喜淡者投茶量可少些，浸泡时间适当缩短。注意尽量不让茶叶洒落在桌面上。

1 润茶
2 冲茶
3 奉茶

1	2
3	

（6）润茶

待水温降至 80～85℃时，提壶注水至杯子容量的 1/3，汤壶复位。接着右手握杯，左手轻托杯底，逆时针旋转杯身，让茶叶浸润 10 秒钟，促使茶芽舒展。

（7）冲茶

一般以凤凰三点头的注水方式来表示礼敬，寓意是向客人三鞠躬以示欢迎，具有视觉美感，能显示出主人的诚挚心意。

右手提起水壶三上三下，水流不断，水不外溅，动作流畅。注水至七分满。

注水后置壶，注意壶口不要朝着客人，也不要对着自己，应尽量转至不对人的位置，以示礼貌。

（8）奉茶

双手端起玻璃杯，手指应放置在离杯口三分之一处，忌直接用手指抓住杯口置于杯托上，再行举案齐眉礼。

将茶杯放置在奉茶盘中，顺势起身，端起奉茶盘，后退半步立定，再走到宾客席前行伸掌礼将茶奉出。为了安全与表示礼貌，要用双手端杯，但不要高举，而且应与客人保持 20 厘米左右的距离。置杯时，要尽量避免杯具碰撞发出声音。

$\dfrac{1}{2}$

1　闻香
2　品茶

（9）品茶

双手端起玻璃杯，用右手握住杯的中部，左手轻托杯底。

先观赏汤色之美，逆时针展示茶汤。再移至口鼻下方，徐徐吸气，嗅闻茶汤香气。最后轻啜茶汤，让茶汤与口腔充分接触，细细感受茶汤的滋味。

轻轻地将茶杯放回原处，确保器具完好无损，这也是相互礼敬的基本要求。

（10）收具

茶事完毕，收拾茶具。

女士双手抚裙站起，从右侧离席时，右脚向右跨出一步，左脚跟随，站稳后，鞠躬行礼，以示结束。男士轻提裤脚站起，右脚向右跨出一步，左脚跟随，站稳后，鞠躬行礼，以示结束。若从左侧离席，则左脚向左跨出一步，右脚跟随。

绿茶盖碗茶艺茶席布置（平视）　　　　　　　　绿茶盖碗茶艺茶席布置（俯视）

（二）绿茶盖碗茶艺（单杯）

1. 布席

（1）茶叶

条索紧细的绿茶若干，如古丈毛尖、碣滩茶、黄金茶、信阳毛尖等。

（2）器具

主泡器：盖碗三。

煮水器：汤壶或者随手泡各一。

备茶器：茶荷、茶匙、茶匙枕、茶叶罐各一。

辅助器：茶巾、水盂、花器（含花）、奉茶盘、茶桌、座椅各一；铺垫若干。

茶席布置按"美观实用，符合礼仪"的基本原则摆放。

2. 步骤

（1）行礼入座

鞠躬行礼。

入座。

（2）净手

舀水至手心手背，以湿润双手。

使用茶巾轻拭双手。

（3）展具

双手托住盖碗杯托，托至胸前。

保持端杯高度，左手托杯托，右手中指轻搭盖钮。逆时针展具，眼随手动。

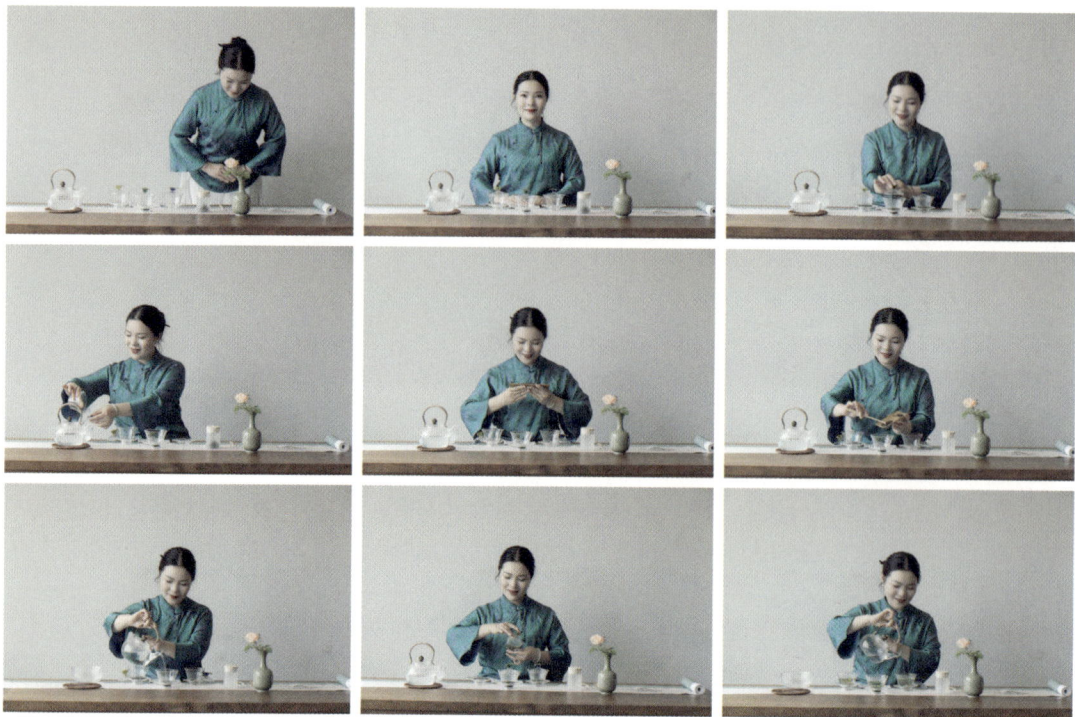

1 鞠躬行礼   5 赏茶   8 摇杯
2 入座   6 投茶   9 冲茶
3、4 洁具   7 润茶

1	2	3
4	5	6
7	8	9

（4）洁具

双手用大拇指、食指、中指捏住左右两个盖碗盖钮，依抛物线轨迹将杯盖放置在杯托上。中间盖碗用右手揭盖，同上。

右手提壶向盖碗逆时针回旋低斟，约注七分满。汤壶复位。

将盖碗杯身和杯盖置于水盂上方，向内旋动杯身淋盖，将水完全倒出。

（5）赏茶投茶

用竹或木制的茶匙将茶从密封性好的茶筒中取出，置于茶荷中，忌用手抓。

双手捧茶荷，先自己欣赏，再展茶。

左手拿茶荷，右手拿茶匙，分三次将茶叶缓缓拨入盖碗内。茶水比一般为 1：50，如茶叶 3 克，水 150 毫升。

（6）润茶

待水温降至 80 ～ 85℃时，提壶注水至盖碗容量的 1/3。汤壶复位。

右手盖盖，顺势拿杯，左手轻托杯底，逆时针旋转杯身，让茶叶浸润 10 秒钟，促使茶芽舒展。或双手拿杯，轻轻摇晃杯身使茶叶浸润。放回后顺势揭盖。

（7）冲茶

右手提壶沿着逆时针的方向回旋注水，继而定点高冲。注水至七分满。

1 观赏茶汤
2 品茶闻香
3 行礼致谢

1	2
3	

汤壶复位。

盖上盖，准备奉茶。

（8）奉茶

双手托杯托，连杯身、杯盖一同端起。

行举案齐眉礼。

将茶放置在奉茶盘中，顺势起身，端起奉茶盘，后退两步立定，再走到宾客席前行伸掌礼将茶奉出。为了安全与表示礼貌，置杯时，要尽量避免杯具碰撞发出声音。并且将杯置于客人的右手侧。若奉上的是绿茶，还需将杯盖稍倾斜，给茶汤留出一点空隙，以确保其色泽鲜嫩。

（9）品茶

双手端起盖碗，先观赏汤色之美，用左手托杯托，右手轻搭盖钮，逆时针展示茶汤。

左手托杯托，右手揭盖，将杯盖移至口鼻下方，徐徐吸气，嗅闻茶汤香气。

最后左手托杯托，右手使杯盖朝外开口，将飘在表面的茶叶轻轻拨开，然后品茶。轻啜茶汤，让茶汤与口腔充分接触，细细感受茶汤的滋味。不可当众将茶叶一同吃进口中；茶汤较烫，不可用嘴吹气使其降温，只能待其自然降温后饮用；饮茶不宜出声。

轻轻地将茶杯放回原处，确保器具完好无损，这是相互礼敬的基本要求。

（10）收具

茶事完毕，收拾茶具。

鞠躬行礼，以示结束。

（三）绿茶盖碗茶艺（分杯）

1. 布席

（1）茶叶

名优绿茶、大宗绿茶。

（2）器具

主泡器：盖碗一，公道杯一，品茗杯 3 只（含杯托，每人一套）。

煮水器：汤壶或者随手泡各一。

备茶器：茶荷、茶匙、茶匙枕、茶叶罐各一。

辅助器：茶巾、水盂、花器（含花）、奉茶盘、茶桌、座椅各一；铺垫若干。

茶席布置按"美观实用，符合礼仪"的基本原则摆放。

2. 步骤

（1）行礼入座

鞠躬行礼。

入座。

（2）净手

舀水至手心手背，以湿润双手。

使用茶巾轻拭双手。

（3）展具

双手托住盖碗杯托，托至胸前。保持端杯高度，左手托杯托，右手中指轻搭盖钮。逆时针展具，眼随手动。

左手拿公道杯，右手轻托杯底，托至胸前定住，再放回原处。

双手手背相对拿起左右两个品茗杯，手腕向外翻出，将品茗杯内壁呈现给观众，定住 1～2 秒，再将杯口朝上放下。右手单手展示中间品茗杯，同上。

（4）洁具

右手用大拇指、食指、中指捏住盖碗盖钮，依抛物线轨迹将杯盖放置在杯托上。

右手提壶向盖碗逆时针回旋低斟，约注七分满。汤壶复位。

盖上盖，在盖碗左侧开一小缝，右手拿起盖碗，左手托住盖碗或将其放在茶巾上逆时针旋转 2～3 圈，使热水充分浸润盖碗内壁。

右手拿盖碗将热水倒入公道杯中，再左手拿公道杯，右手轻托杯底顺时针旋转 2～3 圈，使热水充分浸润公道杯内壁。

执公道杯将热水分到品茗杯里，剩余的水倒入水盂。

将品茗杯中的热水倒入水盂。

（5）赏茶投茶

先揭盖。

用竹或木制的茶匙将茶从密封性好的茶筒中取出，置于茶荷中，忌用手抓。

双手捧茶荷，先自己欣赏，再展茶。

左手拿茶荷，右手拿茶匙，分三次将茶叶缓缓拨入盖碗内。茶水比一般为 1∶30，如茶叶 4 克，水 120 毫升。

（6）润茶

待水温降至 80～85℃时，提壶注水至盖碗容量的 1/3，汤壶复位。接着右手盖盖，顺势拿杯，左手轻托杯底或将其放在茶巾上，逆时针旋转杯身，让茶叶浸润 10 秒钟，促使茶芽舒展。放回后顺势揭盖。

（7）冲茶

右手提壶沿逆时针方向回旋注水，继而定点高冲。注水至七分满。

汤壶复位。

盖上盖，准备出汤。

（8）斟茶

茶叶在盖碗中浸泡到合适浓度时，右手拿盖碗将茶汤直接倒入公道杯或经茶滤滤至公道杯，目的是均匀茶汤。

持公道杯以平均分茶法将茶汤分别倒入品茗杯内。分茶的茶量以七分满为宜，避免溢杯现象的出现。

如果不小心将茶水滴落在桌面上，应及时用茶巾沾干，以保证茶席的干净整洁。

（9）奉茶

双手拿杯托，行举案齐眉礼。

双手递至客人面前，行伸掌礼将茶奉出。如果距离较远，则需将茶放置在奉茶盘中，顺势起身，端起奉茶盘，后退半步立定，再走到宾客席前，左手捧茶盘底部，右手端茶，从宾客右手边将茶奉出，最后行伸掌礼示意"请用茶"。

（10）品茶

右手呈"三龙护鼎"状持杯，观赏汤色之美。

移至口鼻下方，徐徐吸气，嗅闻茶汤香气。

左手手指轻托茶杯底，男性可单手持杯，轻啜茶汤，让茶汤与口腔充分接触，细细感受茶汤的滋味。

轻轻地将茶杯放回原处，确保器具完好无损，这也是相互礼敬的基本要求。

（11）收具

茶事完毕，收拾茶具。

鞠躬行礼，以示结束。

1 / 2

1 红茶盖碗茶艺茶席布置（平视）
2 红茶盖碗茶艺茶席布置（俯视）

三、红茶茶艺规范

（一）红茶盖碗茶艺

1.布席

（1）茶叶

正山小种、湖南红茶、滇红等。

（2）器具

主泡器：盖碗一，公道杯一，品茗杯3只（含杯托，每人一套）。

煮水器：汤壶或者随手泡各一。

备茶器：茶荷、茶匙、茶匙枕、茶叶罐各一。

辅助器：茶巾、水盂、花器（含花）、奉茶盘、茶桌、座椅各一；铺垫若干。

茶席布置按"美观实用，符合礼仪"的基本原则摆放。

1	2
3	4

1　入座
2　展盖碗
3、4　洁具

2. 步骤

（1）行礼入座

鞠躬行礼。

入座。

（2）净手

舀水至手心手背，以湿润双手。

使用茶巾轻拭双手。

（3）展具

双手托住盖碗杯托，托至胸前。保持端杯高度，左手托杯托，右手中指轻搭盖钮。逆时针展具，眼随手动。

左手拿公道杯，右手轻托杯底，托至胸前定住，再放回原处。

双手手背相对拿起左右两个品茗杯，手腕向外翻出，将品茗杯内壁呈现给观众，定住 1～2 秒钟，再将杯口朝上放下。右手单手展示中间品茗杯，同上。

（4）洁具

揭盖，右手提壶向盖碗逆时针回旋低斟，约注七分满。汤壶复位。

盖上盖，在盖碗左侧开一小缝，右手拿起盖碗，左手托住盖碗或将其放在茶巾上逆时针旋

1	赏茶	4	冲茶
2	投茶	5	出汤
3	润茶	6	分汤

1	2	3
4	5	5

转 2～3 圈，使热水充分浸润盖碗内壁。

右手拿盖碗将热水倒入公道杯中，再左手拿公道杯，右手轻托杯底顺时针旋转 2～3 圈，使热水充分浸润公道杯内壁。

执公道杯将热水分到品茗杯里，剩余的水倒入水盂。

将品茗杯中的热水倒入水盂。

（5）赏茶投茶

先揭盖。

用竹或木制的茶匙将茶叶从密封性好的茶筒中取出，置于茶荷中，忌用手抓。

双手捧茶荷，先自己欣赏，再展茶。

左手拿茶荷，右手拿茶匙，分三次将茶叶缓缓拨入盖碗内。茶水比一般为 1∶40，如茶叶 3 克，水 120 毫升。

（6）润茶

待水温降至 90～95℃时，提壶注水至盖碗容量的 1/3，汤壶复位。接着右手盖盖，顺势拿杯，左手轻托杯底或将其放在茶巾上，逆时针旋转杯身，让茶叶浸润 10 秒钟，促使茶芽舒展。放回后顺势揭盖。

（7）冲茶

右手提壶沿逆时针方向回旋注水，继而定点高冲。注水至七分满。

汤壶复位。

盖上盖，准备出汤。

1　伸掌礼
2　品茶闻香
3　行礼致谢

1	2
3	

（8）斟茶

　　茶叶在盖碗中浸泡到合适浓度时，右手拿盖碗将茶汤直接倒入公道杯或经茶滤滤至公道杯。

　　持公道杯以平均分茶法将茶汤分别倒入品茗杯内。分茶的茶量以七分满为宜，避免溢杯现象的出现。

（9）奉茶

　　双手拿杯托，行举案齐眉礼。

　　双手递至客人面前，行伸掌礼将茶奉出。如果距离较远，则需将茶放置在奉茶盘中，顺势起身，端起奉茶盘，后退半步立定，再走到宾客席前，左手捧茶盘底部，右手端茶，从宾客右手边将茶奉出，最后行伸掌礼示意"请用茶"。

（10）品茶

　　右手呈"三龙护鼎"状持杯，将杯移至口鼻下方，徐徐吸气，嗅闻茶汤香气。

　　观赏汤色之美。

　　左手手指轻托茶杯底，男性可单手持杯，轻啜茶汤，让茶汤与口腔充分接触，细细感受茶汤的滋味。

（11）收具

　　茶事完毕，收拾茶具。

　　鞠躬行礼，以示结束。

（二）红茶壶泡茶艺

1. 布席

（1）茶叶

正山小种、湖南红茶、滇红等，大宗红茶、红碎茶亦可。

（2）器具

主泡器：提梁壶及壶垫各一，瓷杯 4～6 只。

煮水器：汤壶或者随手泡各一。

备茶器：茶荷、茶匙、茶匙枕、茶叶罐各一。

辅助器：茶巾、水盂、花器（含花）、奉茶盘、茶桌、座椅各一；铺垫若干。

茶席布置按"美观实用，符合礼仪"的基本原则摆放。

2. 步骤

（1）行礼入座

鞠躬行礼。

入座。

（2）净手

舀水至手心手背，以湿润双手。

使用茶巾轻拭双手。

（3）展具

右手提壶把，左手轻托壶底，提至胸前。逆时针展具，眼随手动。

右手拿起右边第一个瓷杯，将杯口朝前展示杯内壁，再放下。

（4）洁具

将提梁轻压至水平位置，用右手大拇指、食指、中指捏住提梁壶盖钮，依抛物线轨迹将壶盖放置在提梁壶后方。

右手提汤壶，向壶内逆时针回旋低斟，约注 1/3 水量。汤壶复位。

右手持壶，左手轻托壶底，双手协调逆时针转动壶，令壶身内部被热水充分浸润。若较烫，可取茶巾置于左手上。

右手持壶，将水分别倒入茶杯中用于洁杯。剩余的倒入水盂。

（5）赏茶投茶

先揭盖。

用竹或木制的茶匙将茶叶从密封性好的茶筒中取出，置于茶荷中，忌用手抓。

双手捧茶荷，先自己欣赏，再展茶。

左手拿茶荷，右手拿茶匙，分三次将茶叶缓缓拨入盖碗内。茶水比一般为 1∶40，如茶叶 5 克，水 200 毫升。

（6）冲茶

待水温降至 90～95℃时，右手提汤壶，左手轻压壶盖，向壶中回旋低斟，继而定点高冲。（亦可采用凤凰三点头法）。

汤壶复位。

盖上盖，静置 2～5 分钟，使茶叶充分浸润。

（7）温杯

静置的时间较长，可在此时同步进行温杯。

右手持杯身，左手轻托杯底，逆时针轻摇茶杯，使热水充分浸润瓷杯内壁。

将瓷杯移至水盂上方，倒掉温杯的水。

（8）斟茶

茶叶在壶中浸泡到合适浓度时，右手提壶将茶汤分别倒入瓷杯内，分茶的茶量以七分满为宜，避免溢杯现象的出现。

（9）奉茶

双手拿茶杯，行举案齐眉礼。

双手递至客人面前，行伸掌礼将茶奉出。如果距离较远，则需将茶放置在奉茶盘中，顺势起身，端起奉茶盘，后退半步立定，再走到宾客席前，左手捧茶盘底部，右手端茶，从宾客右手边将茶奉出，最后行伸掌礼示意"请用茶"。

（10）品茶

右手呈"三龙护鼎"状持杯，将杯移至口鼻下方，徐徐吸气，嗅闻茶汤香气。

观赏汤色之美。

以左手手指轻托茶杯底，男性可单手持杯，轻啜茶汤，让茶汤与口腔充分接触，细细感受茶汤的滋味。

（11）收具

茶事完毕，收拾茶具。

鞠躬行礼，以示结束。

1　黄茶玻璃杯茶艺茶席布置（平视）　　4　翻杯
2　黄茶玻璃杯茶艺茶席布置（俯视）　　5　洁具
3　入座　　　　　　　　　　　　　　　6　投茶

1	2	3
4	5	6

四、黄茶茶艺规范

（一）黄茶玻璃杯茶艺

1. 布席

（1）茶叶

君山银针、沩山毛尖、蒙顶黄芽等。

（2）器具

主泡器：直筒玻璃杯、杯垫各二。

煮水器：汤壶或者随手泡各一。

备茶器：茶荷、茶匙、茶匙枕、茶叶罐各一。

辅助器：茶巾、水盂、花器（含花）、奉茶盘、茶桌、座椅各一；铺垫若干。

茶席布置按"美观实用，符合礼仪"的基本原则摆放。

2. 步骤

（1）行礼入座

鞠躬行礼。

入座。

1 润茶　　4 品茶
2 冲茶　　5 行礼致谢
3 奉茶

1	2	3
4	5	

（2）净手

舀水至手心手背，以湿润双手。

使用茶巾轻拭双手。

（3）展具

右手虎口向下，手背向左（即反手）握住玻璃杯的左侧杯身，左手位于右手手腕下方，用大拇指和虎口部位轻托茶杯的右侧，双手协调翻转杯口使之朝上。

保持端杯高度，逆时针展具，眼随手动。

（4）洁具

右手提壶向玻璃杯逆时针回旋低斟，约注 1/3 水量。汤壶复位。

双手拿起玻璃杯，逆时针摇杯 2 ～ 3 圈，使热水浸润 2/3 的玻璃杯内壁。

将玻璃杯置于水盂上方，逆时针旋动将水完全倒出。

（5）赏茶投茶

用竹或木制的茶匙将茶叶从密封性好的茶筒中取出，置于茶荷中，忌用手抓。

双手捧茶荷，先自己欣赏，再展茶。

左手拿茶荷，右手拿茶匙，分三次将茶叶缓缓拨入玻璃杯中。茶水比一般为 1 ∶ 50，如茶叶 3 克，水 150 毫升。

（6）润茶

待水温降至 85 ～ 90℃时，提壶注水至杯子容量的 1/3，汤壶复位。接着右手握杯，左手轻托杯底，逆时针轻轻旋转杯身，让茶叶浸润 10 秒钟，促使茶芽舒展。

（7）冲茶

右手提水壶，以凤凰三点头手法注水至七分满。

汤壶复位，准备奉茶。

（8）奉茶

双手端起玻璃杯，手指应放置在离杯口三分之一处，忌直接用手指抓住杯口置于杯托上，再行举案齐眉礼。

将茶放置在奉茶盘中，顺势起身，端起奉茶盘，后退半步立定，再走到宾客席前行伸掌礼将茶奉出。为了安全与表示礼貌，要用双手端杯，但不要高举，而且应与客人保持20厘米左右的距离。置杯时，要尽量避免杯具碰撞发出声音。

（9）品茶

双手端起玻璃杯，用右手握住杯的中部，左手轻托杯底。

先观赏汤色之美，逆时针展示茶汤。再移至口鼻下方，徐徐吸气，嗅闻茶汤香气。最后轻啜茶汤，让茶汤与口腔充分接触，细细感受茶汤的滋味。

轻轻地将茶杯放回原处，确保器具完好无损，这也是相互礼敬的基本要求。

（10）收具

茶事完毕，收拾茶具。

鞠躬行礼，以示结束。

（二）黄茶盖碗茶艺

1. 布席

（1）茶叶

君山秀峰、霍山黄大茶、平阳黄汤等。

（2）器具

主泡器：盖碗一，公道杯一，品茗杯3只（含杯托，每人一套）。

煮水器：汤壶或者随手泡各一。

备茶器：茶荷、茶匙、茶匙枕、茶叶罐各一。

辅助器：茶巾、水盂、花器（含花）、奉茶盘、茶桌、座椅各一；铺垫若干。

茶席布置按"美观实用，符合礼仪"的基本原则摆放。

黄茶盖碗茶艺茶席布置（平视）

黄茶盖碗茶艺茶席布置（俯视）

2. 步骤

（1）行礼入座

鞠躬行礼。

入座。

（2）净手

舀水至手心手背，以湿润双手。

使用茶巾轻拭双手。

（3）展具

双手托住盖碗杯托，托至胸前。保持端杯高度，左手托杯托，右手中指轻搭盖钮。逆时针展具，眼随手动。

左手拿公道杯，右手轻托杯底，托至胸前定住，再放回原处。

双手手背相对拿起左右两个品茗杯，手腕向外翻出，将品茗杯内壁呈现给观众，定住1～2秒，再将杯口朝上放下。右手单手展示中间品茗杯，同上。

（4）洁具

揭盖，右手提壶向盖碗逆时针回旋低斟，约注七分满。汤壶复位。

盖上盖，在盖碗左侧开一小缝，右手拿起盖碗，左手托住盖碗或将其放在茶巾上逆时针旋转2～3圈，使热水充分浸润盖碗内壁。

右手拿盖碗将热水倒入公道杯中，再左手拿公道杯，右手轻托杯底顺时针旋转2～3圈，使热水充分浸润公道杯内壁。

执公道杯将热水分到品茗杯里，剩余的水倒入水盂。

将品茗杯中的热水倒入水盂。

（5）赏茶投茶

先揭盖。

用竹或木制的茶匙将茶叶从密封性好的茶筒中取出，置于茶荷中，忌用手抓。

双手捧茶荷，先自己欣赏，再展茶。

左手拿茶荷，右手拿茶匙，分三次将茶叶缓缓拨入盖碗内。茶水比一般为 1 : 30，如茶叶 4 克，水 120 毫升。

（6）润茶

待水温降至 85 ~ 90℃时，提壶注水至盖碗容量的 1/3，汤壶复位。接着右手盖盖，顺势拿杯，左手轻托杯底并将其放在茶巾上，逆时针旋转杯身，让茶叶浸润 10 秒钟，促使茶芽舒展。放回后顺势揭盖。

（7）冲茶

右手提壶沿逆时针方向回旋注水，继而定点高冲。注水至七分满。

汤壶复位。

盖上盖，准备出汤。

（8）斟茶

茶叶在盖碗中浸泡到合适浓度时，右手拿盖碗将茶汤直接倒入公道杯或经茶滤滤至公道杯。

持公道杯以平均分茶法将茶汤分别倒入品茗杯内。分茶的茶量以七分满为宜，避免溢杯现象的出现。

（9）奉茶

双手拿杯托，行举案齐眉礼。

双手递至客人面前，行伸掌礼将茶奉出。如果距离较远，则需将茶放置在奉茶盘中，顺势起身，端起奉茶盘，后退半步立定，再走到宾客席前，左手捧茶盘底部，右手端茶，从宾客右手边将茶奉出，最后行伸掌礼示意"请用茶"。

（10）品茶

右手呈"三龙护鼎"状持杯，将杯移至口鼻下方，徐徐吸气，嗅闻茶汤香气。

观赏汤色之美。

以左手手指轻托茶杯底，男性可单手持杯，轻啜茶汤，让茶汤与口腔充分接触，细细感受茶汤的滋味。

（11）收具

茶事完毕，收拾茶具。

鞠躬行礼，以示结束。

青茶（乌龙茶）紫砂壶茶艺茶席布置（俯视）

五、青茶（乌龙茶）茶艺规范

（一）青茶（乌龙茶）紫砂壶茶艺

1. 布席

（1）茶叶

　　大红袍、肉桂、水仙、单丛等。

（2）器具

　　主泡器：紫砂壶一、品茗杯 5 只、闻香杯 5 只、杯托 5 个。

　　煮水器：汤壶或者随手泡各一。

　　备茶器：茶荷、茶匙各一。

　　辅助器：茶船、茶巾、水盂、花器（含花）、奉茶盘、茶桌、座椅各一；铺垫若干。

　　茶席布置按"美观实用，符合礼仪"的基本原则摆放。

1	2	3
4	5	6
7	8	9
10	11	12
13	14	15
16	17	18
19		

1　行礼
2　入座
3　烫洗闻香杯
4　烫洗品茗杯
5　取茶
6　赏茶
7　冲茶
8　刮沫
9　淋壶
10　狮子滚绣球
11　韩信点兵
12　将品茗杯倒扣于闻香杯上
13　中指和食指夹住闻香杯
14　将对杯翻转
15　举案齐眉礼
16　耳边听涛
17　搓杯闻香
18　品饮茶汤
19　行礼致谢

2. 步骤

(1) 行礼入座

鞠躬行礼。

入座。

(2) 净手

舀水至手心手背，以湿润双手。

使用茶巾轻拭双手。

(3) 展具

右手大拇指、中指捏住壶把，无名指与小拇指并列抵住中指，食指前伸略呈弓形按住盖钮或盖。左手轻托壶底，大拇指收进掌心。托至胸前。逆时针展具，眼随手动。

右手依次翻品茗杯，在茶船左侧摆放成花瓣状。再依次翻闻香杯，在茶船右侧摆放成花瓣状。

(4) 洁具

揭盖，将紫砂壶盖放置于闻香杯上。

右手提壶，用回旋注水法向紫砂壶中注水至溢满。汤壶复位。

右手执壶，将温壶之水依次倒入闻香杯和品茗杯，利用水的温度将其烫热。

(5) 赏茶投茶

揭盖，将紫砂壶盖放置于闻香杯上。

用竹或木制的茶匙将茶叶从密封性好的茶筒中取出，置于茶荷中，忌用手抓。

双手捧茶荷，先自己欣赏，再逆时针展茶。

左手拿茶荷，右手拿茶匙，分三次将茶叶缓缓拨入紫砂壶内。茶水比一般为 1∶20，如茶叶 6 克，水 120 毫升。颗粒状茶叶的投放量为茶壶容积的 1/4 ～ 1/3；条形茶叶的投放量为茶壶容积的 1/3 ～ 4/5，一般以茶叶吸水膨胀后不超过壶口为宜。

(6) 冲茶

水温应保持在 100℃。

右手提壶沿逆时针方向回旋注水，继而定点高冲，至溢出壶盖沿。

左手提紫砂壶盖由外向内，刮去茶汤表面泛起的白色浮沫，右手提壶将盖上的浮沫冲净，以使茶汤清澈洁净。

盖上盖，汤壶复位。静置大约 1 分钟，使茶叶充分浸润。

（7）温杯

静置时进行温杯。

将闻香杯中的热水淋在壶身上，保持壶内外温度一致。

烫洗品茗杯，双手分别提起两只品茗杯放在前而的品茗杯里，用中指、食指、拇指带动快速转动，这种烫杯方式称之为"狮子滚绣球"。

（8）斟茶

茶叶在紫砂壶中浸泡到合适浓度时，采用"关公巡城"和"韩信点兵"的手法将茶汤倒入闻香杯内，分茶的茶量以七分满为宜，避免溢杯。

小贴士

茶杯相互靠拢，斟茶时提壶来回循环洒茶，以保证茶汤浓度均匀一致，称为"关公巡城"。留在茶壶里的最后几滴是茶汤最精华醇厚的部分，要分配均匀，这时采用点斟的手法将壶上下抖动，一滴一抖，一滴一杯，滴入各个茶杯中，称为"韩信点兵"。

（9）奉茶

依次将品茗杯倒扣于闻香杯上，然后再用右手中指和食指夹住闻香杯杯身，大拇指压住品茗杯，在茶巾上拭去水滴后，左手辅助旋动手腕，沿抛物线将对杯翻转过来，置于杯托之上。

双手拿杯托，行举案齐眉礼。

双手递至客人面前，行伸掌礼将茶奉出。如果距离较远，则需将茶放置在奉茶盘中，顺势起身，端起奉茶盘，后退半步立定，再走到宾客席前，左手捧茶盘底部，右手端茶，从宾客右手边将茶奉出，最后行伸掌礼示意"请用茶"。

（10）品茶

将对杯端起，置于耳侧，轻轻旋出闻香杯，感受水流的声音，称之为"耳边听涛"。

移至口鼻下方，用双手轻轻搓动闻香杯，利用掌心温度促进茶香散发，徐徐吸气，嗅闻茶汤香气。

右手呈"三龙护鼎"状持杯，观赏汤色之美。

以左手手指轻托茶杯底，男性可单手持杯，轻啜茶汤，让茶汤与口腔充分接触，细细感受茶汤的滋味。

（11）收具

茶事完毕，收拾茶具。

鞠躬行礼，以示结束。

青茶工夫茶艺茶席布置（平视）

青茶工夫茶艺茶席布置（俯视）

（二）青茶（乌龙茶）工夫茶艺

1. 布席

（1）茶叶

　　单丛、大红袍、铁观音、水仙、东方美人等。

（2）器具

　　主泡器：盖碗一（或紫砂壶）、品茗杯 3 只。

　　煮水器：泥壶、砂铫各一。

　　备茶器：茶罐、棉纸（或茶荷）各一。

　　辅助器：茶船、扇子、茶巾、水盂、花器（含花）、茶桌、座椅各一；铺垫若干。

　　茶席布置按"美观实用，符合礼仪"的基本原则摆放。

1 行礼入座	6 滚杯	11 出汤后茶席俯视图
2 生火	7 置茶	12 奉茶
3 取茶	8 高冲	13 啜饮茶汤
4 炙茶	9 刮沫	14 嗅闻杯底余香
5 温杯	10 斟茶	15 行礼致谢

1	2	3
4	5	6
7	8	9
10	11	12
13	14	15

1　行礼入座
2　生火
3　取茶
4　炙茶

1	2
3	4

2. 步骤

（1）行礼入座

鞠躬行礼，入座。

（2）净手

舀水至手心手背，沐淋双手，用茶巾拭干双手。

（3）生火

泥炉生火，砂铫添水，添炭扇风。

炭火燃至表面灰白，杂味散去，可供炙茶。

（4）炙茶

备好柔韧透气的棉纸。

从密封性好的茶筒中取出茶叶，置于棉纸上。

茶叶在炉面上移动，翻抖一至二次，散发出香味纯正即可。

1　淋杯　　4　高冲
2　滚杯　　5　刮沫
3　置茶

1	2	3
4	5	

（5）温杯

　　将杯盖打开，用开水烫淋盖碗（或紫砂壶）。

　　将盖碗（或紫砂壶）中的开水淋在品茗杯上。

　　快速轻巧将品茗杯在另一个杯中滚动一圈，将杯中水点尽。

（6）置茶

　　将炙好的茶叶投入盖碗（或紫砂壶）中，茶量约为容器八成左右。

　　置茶时，将条索完整的茶置于底层和上层，细茶末置于中层。

（7）冲泡

　　将沸水沿杯口（或壶口）低注一圈后，再沿杯沿（或壶边）高冲至水面溢出。

　　用杯盖（或壶盖）刮去茶汤表面泛起的白色浮沫，提壶将盖上的浮沫冲净。

小贴士

　　传统工夫茶艺，第一泡茶用于沐杯，即快速将茶汤淋于品茗杯上，快速滚杯，提高杯温。再次高注水后出汤，第二泡茶汤正式品饮。

1　斟茶　　　　　　　4　啜饮茶汤
2　出汤后茶席俯视图　5　嗅闻杯底余香
3　请茶　　　　　　　6　行礼致谢

1	2	3
4	5	6

（8）斟茶

先用"关公巡城"将茶汤斟入品茗杯中。

再用"韩信点兵"的手法将茶汤点滴入杯，尽量让每杯的水量与色泽一致。

（9）请茶

行伸掌礼，敬请宾客品茗。

（10）品茶

用拇指和食指轻捏杯缘，顺势倾倒表面少许茶汤，中指托杯底端起。

移至口鼻下方，嗅闻香气。

杯缘接唇，分三口啜饮茶汤。

茶汤饮完后，再次嗅闻杯底茶香。

青茶（乌龙茶）七泡有余香，品茶寻韵，其乐无穷。

（11）收具

茶事完毕，收拾茶具。

行礼致谢，以示结束。

白茶盖碗茶艺茶席布置（平视）

白茶盖碗茶艺茶席布置（俯视）

六、白茶茶艺规范

（一）白茶盖碗茶艺

1. 布席

（1）茶叶

白毫银针、白牡丹、贡眉等。

（2）器具

主泡器：盖碗一，公道杯一，品茗杯3只（含杯托）。

煮水器：汤壶或者随手泡各一。

备茶器：茶荷、茶匙、茶匙枕、茶叶罐各一。

1 行礼入座	5 冲茶	8 品茶
2、3 洁具	6 出汤	9 行礼致谢
4 投茶	7 奉茶	

1	2	3
4	5	6
7	8	9

辅助器：茶巾、水盂、花器（含花）、奉茶盘、茶桌、座椅各一；铺垫若干。

茶席布置按"美观实用，符合礼仪"的基本原则摆放。

2.步骤

（1）行礼入座

鞠躬行礼。

入座。

（2）净手

舀水至手心手背，以湿润双手。

使用茶巾轻拭双手。

（3）展具

双手托住盖碗杯托，托至胸前。保持端杯高度，左手托杯托，右手中指轻搭盖钮。逆时针展具，眼随手动。

左手拿公道杯，右手轻托杯底，托至胸前定住，再放回原处。

双手手背相对拿起左右两个品茗杯，手腕向外翻出，将品茗杯内壁呈现给观众，定住 1 ~ 2 秒钟，再将杯口朝上放下。右手单手展示中间品茗杯，同上。

（4）洁具

揭盖，右手提壶向盖碗逆时针回旋低斟，约注七分满。汤壶复位。

盖上盖，在盖碗左侧开一小缝，右手拿起盖碗，左手托住盖碗或将其放在茶巾上逆时针旋转 2 ~ 3 圈，使热水充分浸润盖碗内壁。

右手拿盖碗将热水倒入公道杯中，再左手拿公道杯，右手轻托杯底顺时针旋转 2 ~ 3 圈，使热水充分浸润公道杯内壁。

执公道杯将热水分到品茗杯里，剩余的水倒入水盂。

将品茗杯中的热水倒入水盂。

（5）赏茶投茶

先揭盖。

用竹或木制的茶匙将茶叶从密封性好的茶筒中取出，置于茶荷中，忌用手抓。

双手捧茶荷，先自己欣赏，再展茶。

左手拿茶荷，右手拿茶匙，分三次将茶叶缓缓拨入盖碗内。茶水比一般为 1 ：30，如茶叶 4 克，水 120 毫升。

（6）润茶

待水温降至 90℃ 左右时，提壶注水至盖碗容量的 1/3，汤壶复位。接着右手盖盖，顺势拿杯，左手轻托杯底或将其放在茶巾上，逆时针旋转杯身，让茶叶浸润 10 秒钟，促使茶芽舒展。放回后顺势揭盖。

（7）冲茶

右手提壶沿逆时针方向回旋注水，继而定点高冲。注水至七分满。

汤壶复位。

盖上盖，准备出汤。

（8）斟茶

茶叶在盖碗中浸泡到合适浓度时，右手拿盖碗将茶汤直接倒入公道杯或经茶滤滤至公道杯。

持公道杯以平均分茶法将茶汤分别倒入品茗杯内。分茶的茶量以七分满为宜，避免溢杯现象的出现。

（9）奉茶

双手拿杯托，行举案齐眉礼。

双手递至客人面前，行伸掌礼将茶奉出。如果距离较远，则需将茶放置在奉茶盘中，顺势起身，端起奉茶盘，后退半步立定，再走到宾客席前，左手捧茶盘底部，右手端茶，从宾客右手边将茶奉出，最后行伸掌礼示意"请用茶"。

（10）品茶

右手呈"三龙护鼎"状持杯，将杯移至口鼻下方，徐徐吸气，嗅闻茶汤香气。

观赏汤色之美。

以左手手指轻托茶杯底，男性可单手持杯，轻啜茶汤，让茶汤与口腔充分接触，细细感受茶汤的滋味。

（11）收具

茶事完毕，收拾茶具。

鞠躬行礼，以示结束。

（二）白茶陶壶茶艺

1. 布席

（1）茶叶

贡眉、寿眉等。

（2）器具

主泡器：陶壶一，公道杯一，品茗杯3只（含杯托）。

煮水器：汤壶或者随手泡各一。

备茶器：茶荷、茶匙、茶匙枕、茶叶罐各一。

辅助器：茶巾、水盂、花器（含花）、奉茶盘、茶桌、座椅各一；铺垫若干。

茶席布置按"美观实用，符合礼仪"的基本原则摆放。

白茶陶壶泡茶艺茶席布置（平视）

2. 步骤

（1）行礼入座

鞠躬行礼。

入座。

（2）净手

舀水至手心手背，以湿润双手。

使用茶巾轻拭双手。

（3）展具

右手大拇指、中指捏住壶把，无名指与小拇指并列抵住中指，食指前伸略呈弓形按住盖钮或盖。左手轻托杯底，大拇指收进掌心。托至胸前。逆时针展具，眼随手动。

左手拿公道杯，右手轻托杯底，托至胸前定住，再放回原处。

双手手背相对拿起左右两个品茗杯，手腕向外翻出，将品茗杯内壁呈现给观众，定住 1 ～ 2 秒，再将杯口朝上放下。右手单手展示中间品茗杯，同上。

（4）洁具

揭盖，右手提壶向陶壶内逆时针回旋低斟，约注七分满。汤壶复位。

盖上盖，右手拿起陶壶，左手托住壶底或将其放在茶巾上逆时针旋转 2 ～ 3 圈，使热水充分浸润陶壶内壁。

执壶将热水倒入公道杯中，再左手拿公道杯，右手轻托杯底顺时针旋转 2 ～ 3 圈，使热水充分浸润公道杯内壁。

执公道杯将热水分到品茗杯里，剩余的水倒入水盂。

将品茗杯中的热水倒入水盂。

（5）赏茶投茶

先揭盖。

用竹或木制的茶匙将茶叶从密封性好的茶筒中取出，置于茶荷中，忌用手抓。

双手捧茶荷，先自己欣赏，再展茶。

左手拿茶荷，右手拿茶匙，分三次将茶叶缓缓拨入陶壶内。茶水比一般为 1∶30，如茶叶 4 克，水 120 毫升。

（6）润茶

待水温降至 90℃ 左右时，提壶注水至陶壶容量的 1/3，汤壶复位。接着右手盖盖，顺势拿杯，左手轻托壶底或将其放在茶巾上，逆时针旋转陶壶，让茶叶浸润 10 秒钟，促使茶芽舒展。放回后顺势揭盖。

（7）冲茶

右手提壶沿逆时针方向回旋注水，继而定点高冲。注水至七分满。

汤壶复位。

盖上盖，准备出汤。

（8）斟茶

茶叶在陶壶内浸泡到合适浓度时，右手执壶将茶汤直接倒入公道杯或经茶滤滤至公道杯。

持公道杯以平均分茶法将茶汤分别倒入品茗杯内。分茶的茶量以七分满为宜，避免溢杯现象的出现。

（9）奉茶

双手拿杯托，行举案齐眉礼。

双手递至客人面前，行伸掌礼将茶奉出。如果距离较远，则需将茶放置在奉茶盘中，顺势起身，端起奉茶盘，后退半步立定，再走到宾客席前，左手捧茶盘底部，右手端茶，从宾客右手边将茶奉出，最后行伸掌礼示意"请用茶"。

（10）品茶

右手呈"三龙护鼎"状持杯，将杯移至口鼻下方，徐徐吸气，嗅闻茶汤香气。

观赏汤色之美。

以左手手指轻托茶杯底，男性可单手持杯，轻啜茶汤，让茶汤与口腔充分接触，细细感受茶汤的滋味。

（11）收具

茶事完毕，收拾茶具。

鞠躬行礼，以示结束。

七、黑茶茶艺规范

（一）黑茶陶壶茶艺

1. 布席

（1）茶叶

　　千两茶、青砖茶、花砖茶等。

（2）器具

　　主泡器：陶壶一，公道杯一，品茗杯 3 只（含杯托，每人一套）。

　　煮水器：汤壶或者随手泡各一。

　　备茶器：茶荷、茶匙、茶匙枕、茶叶罐各一。

　　辅助器：茶漏、茶巾、水盂、花器（含花）、奉茶盘、茶桌、座椅各一；铺垫若干。

　　茶席按功能和美学要求确定各种器具的准确位置。

2. 步骤

（1）行礼入座

　　鞠躬行礼。

　　入座。

（2）净手

　　舀水至手心手背，以湿润双手。

　　使用茶巾轻拭双手。

（3）展具

　　右手大拇指、中指捏住壶把，无名指与小拇指并列抵住中指，食指前伸略呈弓形按住盖钮或盖。左手轻托杯底，大拇指收进掌心。托至胸前。逆时针展具，眼随手动。

　　左手拿公道杯，右手轻托杯底，托至胸前定住，再放回原处。

　　双手手背相对拿起左右两个品茗杯，手腕向外翻出，将品茗杯内壁呈现给观众，定住 1 ~ 2 秒钟，再将杯口朝上放下。右手单手展示中间品茗杯，同上。

（4）洁具

　　揭盖，右手提壶向陶壶内逆时针回旋低斟，约注七分满。汤壶复位。

1　行礼　　　3、4　净手
2　入座　　　5、6　洁具

| 1 | 2 |
| 3 | 4 |

　　盖上盖，右手拿起陶壶，左手托住壶底或将其放在茶巾上逆时针旋转 2 ~ 3 圈，使热水充分浸润陶壶内壁。

　　执壶将热水倒入公道杯中，再左手拿公道杯，右手轻托杯底顺时针旋转 2 ~ 3 圈，使热水充分浸润公道杯内壁。

　　执公道杯将热水分到品茗杯里，剩余的水倒入水盂。

（5）赏茶投茶

　　先揭盖。

　　用竹或木制的茶匙将茶叶从密封性好的茶筒中取出，置于茶荷中，忌用手抓。

　　双手捧茶荷，先自己欣赏，再展茶。

1　展茶
2　投茶
3　醒茶注水

1	2
3	

左手拿茶荷，右手拿茶匙，分三次将茶叶缓缓拨入陶壶内。茶水比一般为 1∶24，如茶叶5 克，水 120 毫升。

（6）醒茶

水温应保持在 100℃。

提壶注水至七分满，汤壶复位。接着右手盖盖，顺势拿壶，左手轻托壶底或将其放在茶巾上，逆时针旋转壶身，让茶叶浸润 10 秒钟，促使茶芽舒展。

若是紧压陈年黑茶，茶体紧实，可采用慢注水方式，或稍延长润茶时间。将陶壶中的茶汤倒入公道杯中，或直接倒入水盂。

放回陶壶后顺势揭盖。

（7）冲茶

右手提壶沿逆时针方向回旋注水，继而定点高冲。注水至七分满。

汤壶复位。

盖上盖，静置 1 ～ 2 分钟，使茶叶充分浸润。

（8）闷茶

闷茶时可同步温杯。

将公道杯（若公道杯中有茶汤）中的茶水倒入水盂。

右手持杯身，左手轻托杯底，逆时针轻摇茶杯，使热水充分浸润品茗杯内壁。

将品茗杯移至水盂上方，倒掉温杯的水。

1　分汤　　　3　伸掌礼
2　举案齐眉礼　　4　品茶

（9）斟茶

　　茶叶在陶壶内浸泡到合适浓度时，右手执壶将茶汤直接倒入公道杯或经茶滤滤至公道杯。

　　持公道杯以平均分茶法将茶汤分别倒入品茗杯内。分茶的茶量以七分满为宜，避免溢杯现象的出现。

（10）奉茶

　　双手拿杯托，行举案齐眉礼。

　　双手递至客人面前，行伸掌礼将茶奉出。如果距离较远，则需将茶放置在奉茶盘中，顺势起身，端起奉茶盘，后退半步立定，再走到宾客席前，左手捧茶盘底部，右手端茶，从宾客右手边将茶奉出，最后行伸掌礼示意"请用茶"。

（11）品茶

　　右手呈"三龙护鼎"状持杯，将茶杯移至口鼻下方，徐徐吸气，嗅闻茶汤香气。

　　观赏汤色之美。

　　以左手手指轻托茶杯底，男性可单手持杯，轻啜茶汤，让茶汤与口腔充分接触，细细感受茶汤的滋味。

（12）收具

　　茶事完毕，收拾茶具。

　　鞠躬行礼，以示结束。

黑茶煮饮茶席布置（平视）　　　　　　黑茶煮饮茶席布置（俯视）

（二）黑茶煮饮茶艺

1.布席

（1）茶叶

千两茶、青砖茶、花砖茶、茯砖茶等。

（2）器具

主泡器：汤壶一，公道杯一，品茗杯3只（含杯托）。

煮水器：即主泡器汤壶，风炉或电炉。

备茶器：茶荷、茶夹、茶叶罐各一。

辅助器：茶巾、水盂、花器（含花）、奉茶盘、茶桌、座椅各一；铺垫若干。

茶席按功能和美学要求确定各种器具的准确位置。

2.步骤

（1）行礼入座

鞠躬行礼。

入座。

（2）净手

舀水至手心手背，以湿润双手。

使用茶巾轻拭双手。

（3）展具

双手捧起茶叶罐至胸前。

保持茶叶罐的高度，左手捧茶叶罐，右手掌心贴住茶叶罐后侧，逆时针展具，眼随手动。

1　投茶　　　4　奉茶
2　出汤　　　5　品茶
3　分杯

| 1 | 2 | 3 |
| 4 | 5 | |

左手拿公道杯，右手轻托杯底，托至胸前定住，再放回原处。

双手手背相对，拿起左右两个品茗杯，手腕向外翻出，将品茗杯内壁呈现给观众，定住1～2秒钟，再将杯口朝上放下。右手单手展示中间品茗杯，同上。

（4）洁具

右手提汤壶向公道杯注水，以七分满为宜。汤壶复位。

左手拿公道杯，右手轻托杯底顺时针旋转2～3圈，使热水充分浸润公道杯内壁。

执公道杯将热水分到品茗杯里，剩余的水倒入水盂。

右手持品茗杯杯身，左手轻托杯底，逆时针轻摇茶杯，使热水充分浸润品茗杯内壁。

将品茗杯移至水盂上方，倒掉温杯的水。

（5）赏茶投茶

揭汤壶壶盖。

用竹或木制的茶夹从茶叶罐中取出小块茶砖，置于茶荷中，忌用手抓。

双手捧茶荷，先自己欣赏，再展茶。

左手拿茶荷，右手拿茶夹，分多次将小块茶砖夹入汤壶内。茶水比一般为1：35，如茶叶6克，水210毫升。

（6）煮茶

煮茶时间较久，可在此期间奉茶点、茶礼等物。

（7）斟茶

待茶汤煮沸后，右手提汤壶将茶汤直接倒入公道杯或经茶滤滤至公道杯。

持公道杯以平均分茶法将茶汤分别倒入品茗杯内。分茶的茶量以七分满为宜，避免溢杯现象的出现。

(8) 奉茶

双手拿杯托，行举案齐眉礼。

双手递至客人面前，行伸掌礼将茶奉出。如果距离较远，则需将茶放置在奉茶盘中，顺势起身，端起奉茶盘，后退半步立定，再走到宾客席前，左手捧茶盘底部，右手端茶，从宾客右手边将茶奉出，最后行伸掌礼示意"请用茶"。

(9) 品茶

右手呈"三龙护鼎"状持杯，将杯移至口鼻下方，徐徐吸气，嗅闻茶汤香气。

观赏汤色之美。

以左手手指轻托茶杯底，男性可单手持杯，轻啜茶汤，让茶汤与口腔充分接触，细细感受茶汤的滋味。

(10) 收具

茶事完毕，收拾茶具。

鞠躬行礼，以示结束。

第三章
茶艺编创原则

Zhongguo Chadao
Jishu Zhi Dao

茶艺作品是编创者的艺术结晶，观赏者可以从中窥探出编创者的性格特征、艺术个性、生活阅历、审美偏好、文化修养与专业能力。茶艺编创者需要具备较高的素质能力，且在编创过程中遵循一定的基本原则，最终呈现出传承优秀文化、顺应时代发展、符合大众审美、传递正确价值观的主题茶艺作品。

一、主题茶艺编创者的素质能力要求

主题茶艺编创者相当于其他艺术表演领域中的"编导"，是主题茶艺作品创作、排练和演出过程中的核心创意者、组织者、领导者。一个优秀的主题茶艺编创者要有深厚的文学修养、茶学专业知识储备、娴熟的茶艺技能等，更应是艺术的创造者、时代发展的前瞻者、人生的深刻领悟者、情感的发掘者、团队的管理者，以及舞台视觉的创造者，这样才能实现对主题茶艺作品编创、排练、演出等各个环节全方位的领导与把控。

（一）德——文化修养与政治敏锐力

"德"是主题茶艺编创者应具备的基本素质，主要包括文化修养与政治敏锐力。中国茶文化源远流长，人们对茶的利用与认知，经历了从物质、技术层面向精神、文化层面的转变，这一片小小的茶叶，饱含深邃的文化内涵，也见证了中国社会历史的发展变革。主题茶艺编创者应该熟悉和了解茶的历史以及有关的茶事典故、轶闻趣事，在茶艺创新编排的过程中深挖文化内涵，以茶文化精神为魂，围绕主题选择适宜的茶品、茶器，设计茶席空间，搭配动作，突出艺术个性，力求把茶思哲理、审美情趣等渗透到茶艺中。当代茶艺编创者，还应有政治敏锐力，及时了解时代精神与政策，这样才能创作出具有鲜明的时代精神、传播美好价值观、富有艺术欣赏价值的茶艺节目。

（二）专——专业技能与专业应用力

"专"是指主题茶艺编创者在茶学方面的专业性。茶之道，涉及茶的栽培、育种、采摘、加工、冲泡、品饮，茶艺在狭义上来说就是茶叶冲泡与品饮的技术与艺术。作为主题茶艺编创者，首先要全面掌握茶知识，练就扎实的茶学专业技能。包括了解不同区域、不同民族的茶的品质特点与冲泡方式；熟练掌握冲泡技术，在科学的冲泡流程与规范的礼仪基础上寻求创新。作为一名主题茶艺编创者，除了应具备较深厚的文化修养及专业技能，还应了解哲学、文学、美术、音乐、舞蹈、心理学等领域的知识。能运用自身丰富的知识和扎实的专业能力，将自己的所见、所闻、所思、所想用茶艺作品传达出来。

（三）编——观察理解与想象创造力

主题茶艺编创者收集不同类别、风格、形式的素材，把生活中的认知、感悟、情感等提炼出来，借助茶艺概括生活、表现事物本质、抒发情感、组织叙事情节的过程即为"编"，该过程要求主题茶艺编创者具有观察理解力与想象创造力。

首先，主题茶艺编创者要将视线聚焦于世间万物，把目光投向社会、自然、人，从现象中挖掘事物的本质，提炼出编创所需要的情感或想表达的哲理。主题茶艺编创者对主题、情感、人物形象的把握不同于科学家，他们用逻辑来理解事物的本质，而主题茶艺编创者更需要用充满情感的内心来感受，即与世间万物共情。当然，我们不能全靠情感来编创茶艺作品，还是需要平衡理性与感性思维，实现对茶艺作品的整体把控。

其次，想象与创造力在茶艺编创中占据着不容忽视的地位。从哲学的角度看，想象力是感性与理性之间的一座桥梁，是人们通过已有形象在大脑中创造或幻想出新的画面的能力。想象是因人而异的，对同一主题，主题茶艺编创者会因经验能力、观察视角、审美爱好等不同而联想出不同的编创方式。如果说想象力是艺术载体的本源，那么创造力就是推动艺术作品呈现的动力。对于日常生活中司空见惯的人、事、物等，编创者不仅要通过想象力将其转化为茶艺作品的主题、茶席、人物角色等元素，更需要运用创造力创造出与客观现实具有一定心理距离的审美意象。

（四）导——艺术鉴赏与情感表达力

主题茶艺编创者根据自己的观察和想象进行整合与设计，并通过语言及动态传导，使表演者充分理解、领会茶艺作品的内在含义，这个过程便是"导"。

该过程要求编创者具有较高的艺术鉴赏力，茶席空间、表演者形象、解说、音乐、舞台舞美等设计上都会体现出主题茶艺编创者的审美情趣。主题茶艺编创者只有加强对相关艺术的了解，提高对瓷器、紫砂器、服饰、音乐、舞蹈、插花、书画等的鉴赏能力，才能合理选择、搭配各个要素以表达主题，营造出"美"的艺术空间，给欣赏者带去愉悦的心理感受，使其体验到编创者所寄托的美好愿景。总之，主题茶艺编创者要善于理解美、诠释美。

另外，编创者要想将自己的所想、所感清晰地传递给表演者和观众，就需要具备良好的情感表达能力。首先，能充分利用肢体与面部表情，实现情感的外化表达，以启迪和挖掘表演者的潜力，使之达到最佳表现状态。其次，具备较好的文字写作能力、音视频剪辑技术与一定的舞台经验。要想让解说能清晰明了地表达情感，主题茶艺编创者就要有较强的文字写作能力；而利用音乐与视频实现情感的层次递进，要求编创者会基础的音视频剪辑；一定的舞台经验能够帮助编创者把握情感递进的时机与情感表达的方式。

（五）排 ——组织协调与灵活应变力

"排"是指不断排练与调整，即把创作内容转换并传递给表演者，并在排练过程中不断重复、磨合、推进。这就要求主题茶艺编创者要有较强的组织协调能力，能较好地管理与调配表演者，推进作品的排练；能较好地与舞台灯光、舞台布景、道具制作、音乐音效等部门沟通协调，实现有效合成。且能在不断磨合中，围绕动机立意对茶席、流程、解说、动作、服饰、表情、音乐、背景等进行调整和梳理，逐步达到理想效果。"三分创作七分排练"的意义就在于此。

在主题茶艺作品排练、彩排过程中，会遇到一些问题，需要进行调整，这就要求编创者具有灵活应变的能力。总之，在排练过程中处理好问题非常重要，主题茶艺编创者在这一过程中也会碰撞出新的创作灵感，使茶艺作品提高美感与感染力。

二、主题茶艺编创基本原则

主题茶艺作品现存问题如下：

①本末倒置，技术性与艺术性不协调统一，属于"不精"。
②胡编乱造，不尊重历史，不依据事实，属于"不真"。

③选材不当，在主题情感表达上不能打动人，属于"不善"。

④照搬生活，缺乏观赏性，属于"不美"。

⑤创新性不够，属于"不新"。

⑥茶、器、人、境不够和谐统一，属于"不和"。

为了防止出现以上问题，主题茶艺编创需要遵循的六点基本原则："精""真""善""美""新""和"。

（一）精——坚持准则与规范

《茶经》中写道："茶之为用，味至寒，为饮最宜精，行俭德之人。"这里的"精"是指精通茶艺和行事规范，即在精通茶艺的基础上，讲究礼仪规范。"没有规矩，难成方圆"，各式各类的茶艺，其器具的选用与摆放，泡茶的程序与动作，茶艺表演者的礼仪等都应有一定的规范要求，如此才能求得相对的统一。此外，茶才是茶艺表演的主角，凡是与科学泡法相背离的程式或动作，即使具有艺术观赏性，也必须去除。

规范是法度，但在茶艺编创中切忌模仿刻板程式和动作，不能因为规范而扼杀个性的创造空间。陆羽的《茶经》中有"九之略"一节，指出冲泡茶时，可根据时间、地点、人数减少用具、简略步骤，这反映出陆羽在茶道方面也追求极简、自然、不拘泥于程式的境界，说明陆羽在确立饮茶的礼制与规范时也给了在此基础上改变与发挥的余地，给了茶艺创新发展的空间。因此，优秀的主题茶艺编创者既要遵从茶艺的准则规范、敬重中国传统礼法，更要懂得于不变中求变，在有限的规则空间中充分发挥无限的想象力，通过多样的方式来展示茶文化的精神、茶的品质特点，突出茶艺师的个性与风格。

（二）真——尊重历史与民俗

茶艺的灵感来源于生活，不论是题材、故事还是人物，都要求真实。若选取历史上的人物或事件进行编创，应尊重历史，还原历史上的饮茶方式，包括茶具、茶叶、步骤，还应注重该朝代服饰、妆容、礼仪的还原。若想体现某民族或地区的饮茶习俗与风土人情，应尊重民俗，充分了解该民族或地区的饮茶方式、泡茶器具、服饰特点、音乐风格，深刻体会其民风、文化、精神，求真创新。此外，在以现代生活环境为背景编创茶艺时，我们也要尊重科学、尊重事实，认真去发现生活中的美，从真实的事件中感悟哲理，抒发情感，茶艺作品的故事线、人物、情感等都要有迹可循、有物可参，反对矫揉造作、胡编乱造、过度夸张。

（三）善——表达善意与仁爱

善意与仁爱是人类永远的情感主题，成功的主题茶艺作品是能打动人心的。因此，主题茶艺作品应表现深厚的家国情怀、珍贵的友情、美好的爱情、温暖的亲情，表达对自然、对生命的敬畏，传递善意与温暖，而不应以消极的情绪传播负能量。好的主题茶艺作品不仅能体现茶的色、香、味，更能借茶的品性、气质来营造文化氛围，用茶艺所表达出的真善美感化观众，传达茶文化的精神内涵，真正发挥出茶作为中国文化重要载体的作用。近些年来，乡村振兴、精准扶贫、脱贫攻坚、红色故事、家国大爱等往往是主题茶艺编创者喜欢选择的主题，因为这些故事能体现出善良、淳朴、友爱、拼搏、踏实、奋进等美好的精神与品质，更贴近现实生活，真诚且温暖人心。

（四）美——展现美好与美丽

茶艺作为一种生活化的艺术形式，在表演时要求对冲泡技巧进行艺术加工，增强艺术感染力。好的主题茶艺作品能使观众通过视觉、听觉、味觉、嗅觉、触觉以及内心的多重感受，沉浸于茶艺所蕴含的文化内涵美、空间意境美、思想精神美之中。所以主题茶艺作品，应表达美好的情感，传递积极向上的精神，借茶展现人们对美好生活的向往；表演者要通过专业科学的冲泡技术最大程度展现出茶的外形美、汤色美、香气美、滋味美；茶席、服饰、动作、解说、音乐、背景视频等等符合大众的审美要求；作品在舞台上的呈现要讲究舞台布置和灯光的和谐，展现意境美与空间美。综上，赏心悦目的动作、令人眼前一亮的茶席、引人入胜的环境，能使人在美好的环境中获得感染和启发，带给人们审美愉悦。

（五）新——创新主题与形式

创新是一切文化艺术发展的动力与灵魂。茶艺的创新，需要新的主题、新的载体、新的内容、新的形式。其中，最关键的是主题，解说词、表现形式、茶席设计与器具选配等都围绕主题来进行创新。然而，传承也是茶艺的使命，茶艺的创新应是在继承茶文化内涵的基础上推陈出新。因此，在新的时代背景下，创新茶艺不能一味追求新颖与特别，背离甚至是抛弃传统文化，刻在骨子里的廉、美、和、敬的茶文化精髓是不能忘却的。继承也不是故步自封、因循守旧，而是在继承传统茶文化精神与文化内涵的基础上，随着社会发展而不断创新，以适应当代群众生活，满足当代群众审美多样化的需求。如此，茶艺表演的生命才能得以延续。

（六）和——讲究中和与协调

　　"和"是中国茶道的灵魂，茶艺的核心构成要素茶叶、茶水、茶具就蕴含着"和"文化特性。主题茶艺的"和"体现在茶、器、人、境的协调统一上，包括茶席、服饰、背景视频、舞台布景色彩搭配的和谐，茶具与茶性的相符，茶品、音乐与主题文化内涵、情感表达的统一，茶艺表演者的状态与环境的融合，各个元素相辅相成，共同营造出良好的饮茶氛围，表达鲜明的主题。主题茶艺编创的六点基本原则，也是围绕着"和"的概念提出的，"精"是规范与自由的统一，"真"是科学与文化的统一，"善"与"美"是生活与艺术的统一，"新"是传承与创新的统一。主题茶艺作品的最高境界，是能充分诠释中国儒释道的"和"文化特性，与自然合体、与天地合德、与四时合拍。

第四章
茶艺编创技法

Zhongguo Chadao
Jishu Zhi Dao

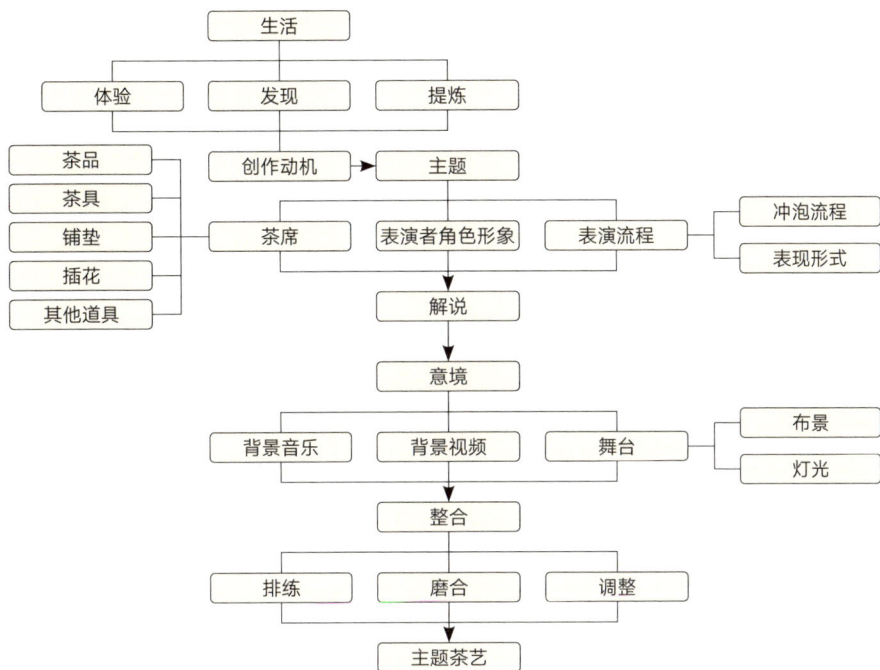

主题茶艺编创流程

茶艺融茶的科学冲泡、文化内涵与对茶的审美理想于一体。主题茶艺的编创在遵循基本原则的基础上，包括主题、茶席、表演者、流程、解说、意境六个方面。主题茶艺编创者体验生活，发现、提炼创作灵感，从而确立作品创作的主题立意。接着围绕主题设计茶席、表演者角色形象、表演流程，再进一步立足主题思想，根据已设计构思的要素撰写解说词，依托合适的背景音乐、背景视频、舞台布景与灯光营造意境，最后通过反复地排练、磨合、调整，在舞台上呈现出具有编创者独特艺术个性与审美取向的主题茶艺作品。

本章所总结的编创技法是创作的工具，以期编创者形成专业化的创作意识，为直觉、灵感找到理论依据。但运用编创技法时，绝不能只按技法机械地进行创作，仍需要在主题茶艺编创的实践过程中，与编创者的思想、情感、感悟、艺术天赋等融合碰撞，才能创作出具有生命力的茶艺作品。

一、主题构思

　　主题是茶艺表演的中心思想，是整个茶艺的核心，具有提纲挈领的作用，是进行编创工作设计时须通过全部材料和表现形式以及各种细节来阐明的中心议题。因此选取合适的题材，确定茶艺主题是编创茶艺作品的第一步。茶艺作品的主题是大众最关注的因素，是编创中最难、最关键的部分。选取的主题应具有社会、思政意义，贴近大众的生活，能引发观众的情感共鸣。

（一）主题分类

　　根据近 20 年来，全国大学生茶艺大赛、全国职业技能大赛等赛事中的原创主题茶艺作品及我们的创作实践经验，将主题茶艺作品的主题分为 8 类，即文学历史类、家国情怀类、人文关怀类、茶旅融合类、哲思感悟类、茶风茶俗类、品牌传播类、情感道德类。

1. 文学历史类

　　以《茶和千里》《边城印象》为代表的茶艺作品属于文学历史类。它们是以历史事件、人物或文学作品为原型创作的。历史与文学作品历来是各类艺术表现的对象，创作的灵感来源。文学历史类茶艺能赋予历史记载、文学作品生命力，反映出当时的社会风貌，刻画出作品中的人物形象，借茶引起欣赏者与历史人物、文学作者思想的共鸣，并给以人生启迪。

2. 家国情怀类

　　以《工夫茶　两岸情》《闽茶荟萃丝路香》《你来得正是时候》《岳麓"容"歌贯古今》为代表的茶艺作品属于家国情怀类。它们是以国家事件、社会热点为题材，或描绘自然风景，感叹祖国大好河山，抒发爱国、爱党、爱人民的情怀，传播正确的社会价值观。家国情怀是多数编创者喜欢选择的主题，将历史使命、时代责任融入茶艺表演中，更符合时代主旋律，更能满足国家文化发展需求。

3. 人文关怀类

　　以《星茶语　慢时光》为代表的茶艺作品属于人文关怀类。这类作品关爱社会和人，尊重人的主体性，关注人多方面、多层次的需要，尤其是精神文化层面的需要。清洁工、警察、消防员、医生等人身上默默付出的精神品质，可以借助茶艺表演表现出来，或选择关注孤独症儿童、阿尔茨海默病患者等弱势群体，编创出更多反映社会现实、给予热切关怀、引发大众思考的作品。

4. 茶旅融合类

以《君山怀古 情系天下》《白华浅浅 岭南记忆》为代表的茶艺作品属于茶旅融合类。茶旅融合类，顾名思义是把茶与旅游业相融合，以茶促旅、以旅带茶，是推动茶产业与旅游业发展，提升茶叶品牌知名度的有效途径。该类作品将茶与当地的自然风景、人文景观、历史典故、文化精神相结合，使观者观看后想去当地赏一赏美景、品一品佳茗，感受当地的人文风情，用心聆听历史的故事。

5. 哲思感悟类

以《紫金寻梦》《盛誉下的古茶树》为代表的哲思感悟类，从古今中外、自己他人、点滴小事和宏伟大事、虚拟与现实中，得出哲理性的感悟或人生的启迪。也可以挖掘现代社会普通人的生活状态、价值理念，引起观众思想上的共鸣。

6. 茶风茶俗类

以《龙虎吉祥》《泰山茶礼》《安化印象谷雨擂茶》为代表的茶风茶俗类，以不同地域的茶风茶俗、历史文化等，或不同民族的民俗风情为主题，体现出不同地域或民族的饮茶习俗、民风、礼仪、文化的特色。此外，还可以选取中华文化、中华传统节日、二十四节气作为茶艺题材，以编创出能体现中华民族特色的茶艺作品。

7. 品牌传播类

我们在长期的主题茶艺编创实践过程中，与多家茶企合作编创了《湘茶产业扬风帆 湖南红茶创辉煌》《神农茶韵》《神州瑶都 江华苦茶》等 10 个品牌传播类茶艺作品。该类茶艺作品以突出产品特色、展现企业文化为目标，是向消费者推介茶产品，宣传企业文化的重要渠道。题材以茶品为中心，展现茶品产地风情、茶品品质特征，挖掘茶品文化意蕴。

8. 情感道德类

以《武陵红 寄乡愁》《拾光阅茗》为代表的茶艺作品属情感道德类。人有喜、怒、哀、乐、惧等多种多样的情感，也常常流露出崇敬、感恩、自豪、同情、宽容、关爱、后悔等情感。茶艺表演作为情感道德表达的途径与方式，一方面，可以借茶表达亲情、友情、爱情、思乡之情等，展现生活的美好与感动；另一方面，能体现人性的力量，展现人类心灵的美与善。观众在欣赏茶艺表演的过程中能感受到编创者的情感，甚至产生情感共鸣，实现艺术与情感道德的统一。

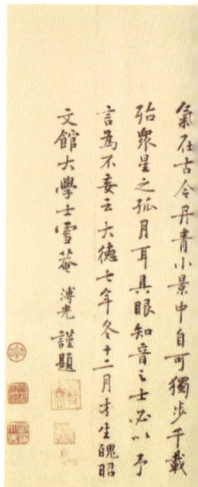

农民工喝茶

（二）灵感来源

想象力是茶艺编创的开关，也是灵感发生的契机，那些生活中未经雕琢的事件和现象，都能经过编创者运用想象力进行的捕捉、加工、提炼而融入作品。因此，大自然的一切，世间万物，社会现象，人类在现实生活中的行为、情感、思考，都能成为主题茶艺编创的灵感来源。我们根据经验总结了主要的灵感来源供大家参考。

1. 历史事件、人物或文学作品

茶在中国的历史长河之中见证着中国社会的变迁，那些具有历史意义的重大事件、人物、典故、文学作品均可以成为主题茶艺灵感的来源。其中，与茶相关的事件与著作数不胜数。如文成公主和亲，将茶文化传入西藏；陆羽的《茶经》提出了中国茶道"俭、德"的精神；宋徽宗以皇帝之尊撰写的《大观茶论》，成为研究宋代茶文化的珍贵资料；明太祖朱元璋"罢造龙团"，使瀹饮法兴起并流传至今；乾隆皇帝遍访名茶，赐封御茶园……这些茶文化事件为我们提供了丰富的创作题材。除此之外，各种文学作品都可以成为主题茶艺编创的场景、角色形象、情节的灵感来源。如《边城印象》主题茶艺作品以沈从文《边城》为题材，以湘女翠翠为人物原型，演绎边城人民的至真、至善。

2. 现实生活中的人或事

在中国人的生活中，"柴米油盐酱醋茶"为日常俗事，故茶与生活息息相关，可以择取的素材俯拾即是。生活中的事件虽小，但更贴近观众，生动丰富的生活细节能够使观众代入自身，感同身受，产生共情。并且能以小见大，用普通平凡的群体生活揭示社会现象或歌颂伟大的精

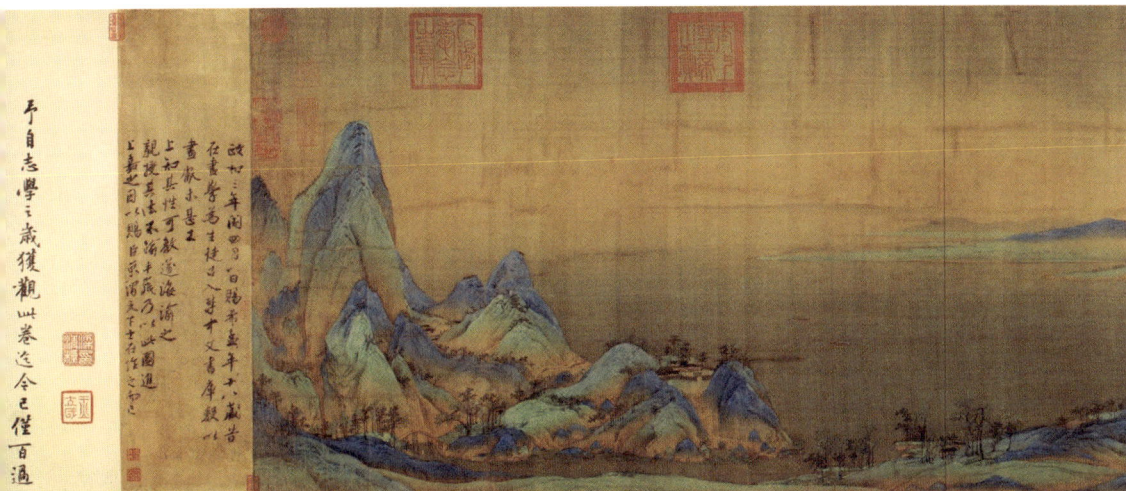

《千里江山图》局部

神。这样的茶艺作品既令人亲切又思想深刻。例如我们可以从自己与身边的亲人、朋友、老师的故事中获取灵感，以表达亲情、友情、师生情等，也可以讲述身边人励志、幸福、感动的事迹，农民工、清洁工、警察、医生等都是灵感来源。2019年河南省"中原茶艺杯"茶艺职业技能大赛一等奖作品《青春扶贫，走稳2020》以大学生村官为原型，赞扬其为国为民的奉献精神。

3. 其他艺术门类

常言道："艺术是相通的。"音乐、舞蹈、美术、电影、电视剧等艺术作品的创作都是从想象到确定主题，再进一步确定形象或角色，以此构建出结构，将情节或情感贯穿其中，构成整体。因此，编创者应了解多种艺术，深挖艺术作品的创作背景、创作目的与意义，仔细研究作品刻画的形象特点，梳理作品中的故事情节，感受作品中的喜怒哀乐，体会其中蕴含的情感内容。主题茶艺作品《无问西东》从电影《无问西东》中获取灵感，以讴歌清华风骨为主题，人物角色借鉴了电影中的角色形象，音乐也选用了电影中的插曲。

4. 自然风景或人文景观

自然与艺术相互交融。艾莱娜·穆尼埃在《当自然赋予艺术灵感》中研究了自然与艺术的关系，描摹出人类认识自然的旅途。绘画能借由自然表达思想，茶艺表演也能借助自然风景或人文景观表达思想情感。茶是天地孕育的灵物，每款茶都与其产地风情紧密相关，因此，与茶相关的自然风景、人文景观等，都可以是茶艺编创的灵感来源。自古名山出名茶，名茶耀名山。以茶品产地风情为题材，既可以让人了解到茶产地的环境，又可使人手捧佳茗，遥想名胜山水。如《武夷山水，红袍奇韵》《遥望洞庭，君山茶香》，茶与景相得益彰，互为其美。观众在欣赏

1　武夷山燕子窠生态茶园
2　君山岛
3　三清茶

1	
2	3

茶艺作品的同时，能领略如梦似幻、旖旎秀丽的风光，走进底蕴深厚的文化圣地，岂不快哉。

5. 茶产品特色与文化意蕴

　　茶，是茶艺的灵魂，也是茶艺编创的基础。中国茶类别丰富，品种繁多，且随着茶产业的发展，茶人对茶性的理解融入了自身的艺术底蕴、美学素养，茶品所蕴含的文化、情感、品性越来越丰富与具体化，以茶喻人，借茶抒情的现象常常出现。因此，在以茶品为题材进行茶艺编创时，编创者可使主题定位、情感基调、精神特质紧紧围绕茶品的特色品性、文化意蕴，在对茶品进行推介的同时提升茶品的文化附加值，勾起消费者对茶品及茶文化的向往之情。如主题茶艺作品《遇见老白茶》以具有越陈越香特点的老白茶喻指习茶路上的老师，借此表达对老师的感恩之情。

6. 民族或地域的茶风茶俗

每个国家、民族、地域都有其独特的饮茶风俗、历史、传说等。在世界的舞台上有日本茶道、韩国茶礼、英国下午茶、中国茶艺等。中国地广物博，是个多民族国家，各个地域或民族都有自己的饮茶方式，如傣族的竹筒香茶、白族的三道茶、藏族的酥油茶、蒙古族的奶茶、纳西族的龙虎斗、北京的大碗茶、四川的长嘴壶茶、湖南的芝麻豆子茶……在各地各民族的待客、婚嫁中，茶也扮演着重要的角色，寄托了人们的情感。此外，中华民族的传统文化、传统节日也与茶密不可分，如茶人根据二十四节气采茶、制茶，在春节以茶待客，中秋节以茶对月，这些都可以成为茶艺编创的素材。编创者可充分挖掘民族或地域特色，或营造节日氛围，或与其他传统文化相融合，体现出我国不同地域、不同民族的特色与文化。

茶席

二、茶席设计

　　乔木森在《茶席设计》一书中指出:"所谓茶席,就是以茶为灵魂,以茶具为主体,在特定的空间形态中,与其他的艺术形式相结合,共同完成的一个有独立主题的茶道艺术组合整体。"因此,茶席可以狭义地理解为是茶艺表演中泡茶和饮茶的场所,是以茶为物质载体,以茶器为表现形式,以茶人为点睛之笔,由茶、器、人构建的具有一定实用性、艺术性、符号性、叙述性的茶文化空间。

新茶

（一）茶品

茶是茶艺表演的灵魂和载体，茶品的选择尤为重要，要求品质优良、切合主题。

1.品质优良

茶汤质量是茶艺比赛的关注重点，主要关注茶汤的香气、颜色、滋味。因此，选择香气纯正高长、汤色透亮、滋味甘甜浓厚的茶为佳，避免使用有陈气、陈色、陈味的茶，且茶汤中不应出现异物。另外，选择的茶品有突出的香气或滋味，更容易从其他茶品中脱颖而出。

2. 切合主题

应选择品质特征、历史背景、文化意蕴与茶艺主题相符的茶品。

一是应考虑创设的年代背景。在中国饮茶方式不断变化的同时，茶叶的类别也在不断丰富，元代烹饮散茶才渐渐流传开来，清代六大茶类才完全形成，因此选择茶品时要尊重历史，避免时空错乱，贻笑大方。此外，茶还可以与季节时令联结，如选用花茶体现春季的繁花似锦，用绿茶构建夏季凉爽的荷塘月夜，用乌龙茶体现秋季的瓜果飘香，用黑茶驱赶冬季的寒意。

二是应考虑创设的空间。尽量选择当地出产的代表性茶品，如湖南选用君山银针、安化黑茶，云南选用普洱茶、滇红，福建选用大红袍、铁观音，台湾选用东方美人、冻顶乌龙……若以某少数民族地区为主题背景，应还原民族特色，按该地区的饮茶习俗准备茶品及其他原料。

三是应考虑想要刻画的人物性格、赞颂的精神品质、表达的思想情感。茶人对茶的性质有更高层次的理解，赋予了茶品格、德行、情感等文化属性，常借茶比喻君子风骨，赞颂奉献精神，倡导俭德廉洁，或借茶体现人间冷暖，表达心境，体悟人生哲理。如以茶喻人，绿茶清新雅正、红茶温暖浪漫、白茶简单清纯、黑茶低调谦逊、青茶风韵十足、黄茶特立独行；或从茶历经高温洗礼、千揉百挪的加工过程中挖掘出不怕挫折、勇于奉献的精神；或以茶的滋味，感悟先苦后甜的人生道理。

（二）茶具

茶具是茶席的主要构成部分，茶具是功能与审美的结合体，要兼顾实用性与艺术性。

1. 因茶制宜

要根据茶品选择适宜的茶具，以充分发挥茶性。六大茶类都可以选用盖碗，此外乌龙茶适合用紫砂壶；红茶、黑茶、黄大茶、老白茶，以及各茶类压制成的茶饼可选用陶壶；较有观赏性的绿茶、黄茶适合用玻璃器皿冲泡。品茗杯内壁以白色为好，以便真实地反映汤色；公道杯可选用玻璃材质，以展示茶汤色泽。

2. 切合主题

应根据茶艺主题确定造型、材质、色彩等，要注重茶具的风格和艺术性。

一是考虑创设的年代背景。每个朝代都有代表性茶具，唐代最具代表性的是陕西扶风法门

法门寺银质鎏金茶器   宋代建盏

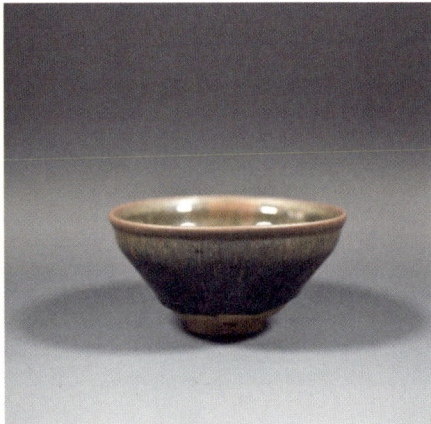

寺出土的银质鎏金茶器，宋代使用汤瓶、建盏、茶筅等茶具，明清开始使用盖碗和紫砂壶。当代茶具的材质、色彩、造型多种多样，按时令季节来看，春夏茶席可选用瓷、玻璃、竹等材质的茶具，色彩宜偏冷色系（青、绿、蓝、紫），给人清爽感；秋冬可选用紫砂、陶等材质厚重一点的茶具，色彩宜偏暖色系（红、橙、黄、棕），给人温暖感。

二是考虑创设的地域。根据不同地域的特色、不同民族的饮茶习俗，选择相应的茶具。如长江以北一带，喜爱盖瓷杯或大瓷壶泡茶；福建及广东潮州、汕头一带习惯用"烹茶四宝"（孟臣罐、若琛瓯、玉书碾、潮汕炉）。在少数民族聚居地区，则应结合民族饮茶用具特点，充分展示民族特色。如土家族喝擂茶用特制的擂钵、擂棒等，藏族喝酥油茶用打油筒、贡碗等。

三是根据主题情感选择色彩、材质。若要引导人进行冷静理性的哲理性思考，或关注社会平凡的群体，或揭示社会的现实，则可选择冷色系或中间色系(黑、白、灰)的茶具，材质以瓷、玻璃、金属为佳；若表达爱国、感恩、思乡、亲情、爱情、友情等温暖又热烈的情感，则可选择暖色系的茶具，材质以紫砂、陶、竹为好。

3. 摆放合理

茶席的主要功能是泡茶与品茶，失去了用途的茶席就失去了根本，因此茶席的布置要考虑实用性。静清和认为"茶席的布局讲究动静结合，疏密有致，顾盼呼应，知白守黑"。首先，依据人体工程学原理，茶席的摆放应让表演者感到舒适。主泡器应摆放在茶艺师正前方，其他茶具依使用的方便性将之分置于茶艺师的四周，以方便表演者操作。其次，要充分利用茶席空间，使之在视觉上错落有致、层次分明。例如很多茶艺作品常用壶承将主泡器托高，这样不仅更方便操作，还能突出主泡器。

（三）铺垫

铺垫是指让茶具不直接接触桌面或地面的铺垫物。茶席是茶艺作品中"美"的体现，茶席铺垫能辅助茶具来表现主题，深化主题意义，具有较强的审美功能，因而茶席铺垫的选择、搭配、设计也较难。铺垫的材质、色彩、铺垫方式等，要根据茶主题选择。

1. 材质选择

铺垫在材质上的选择多种多样，主要分为织品类与非织品类，见下表。

不同材质铺垫的特点

材质		特点
织品类	棉布	质地柔软，视觉效果柔和，不反光
	麻布	粗麻硬度高，细麻相对柔软，且常印有纹饰
	化纤	品种丰富，色彩亮丽
	蜡染	多以蓝白两色勾勒形象或抽象图案，色彩鲜明
	印花	有印花图案的织品，图案丰富
	毛织	以毛毯为主，厚重温暖
	织锦	有花纹图案的真丝织品，如苏锦、云锦、蜀锦
	绸缎	轻、薄、光泽好
	手工编织	以棉线为主，颜色多为白色，形状为正方形、三角形、圆形等
非织品类	竹编	线穿直编，多为长方形，可卷可垫；薄竹片交叉编，一般用于地铺
	草秆编	以稻秆和麦秆编制而成，较为轻、软，易折断
	树叶铺	用真实树叶叠放，如荷叶、枫叶、银杏
	纸铺	用书法和绘画作品作铺垫
	石铺	自然，但不平整
	瓷砖铺	质地良好、光洁度高，可以有器物的投影

根据主题选择铺垫的材质应从以下三个方面考虑。

一是创设的年代背景。棉布、麻布、竹编或古朴的桌子，极具怀旧感，适合营造古代民间、民国时期饮茶的氛围；织锦适合表现宫廷、王公贵族的饮茶气派。化纤、手工编织、瓷砖铺等适合表现现代生活。此外，印花织品的不同图案能体现四季的流转，树叶铺的种类能展现不同时令，如用荷叶表现夏季、枫叶表现秋季。

二是创设的空间。棉布、粗麻、竹编、草秆编适合布置具有农村特色的茶席，化纤、毛织、手工编织、绸缎等符合城市生活的特性，麻布、蜡染、印花、草秆编、竹编、树叶铺、石铺等能展示不同少数民族的韵味，使用时应以该少数民族的习性为参照，如土家族常使用土家织锦作为铺垫。

三是主题意境中想构造的意象。通常使用绸缎构造流水、云海等意象，用纸铺营造书卷气质，用印花、石铺、树叶铺展示山水美景、江河湖泊、星辰大海、青石小路、别致庭院，"虚实相生"，以实境表现虚境，通过虚境渲染实境的氛围，最终营造出表达主题需要的意境。

2. 色彩搭配

茶席铺垫色彩搭配讲究和谐，应与茶具、服饰、环境的色彩和谐。一般多应用单色、近似色、撞色。单色铺垫是茶席中最常用的，越是简单的配色越简约大气，能适用于任何主题，且不夺器。近似色搭配也很常见，可使茶席整体既协调又有层次感，但注意不要与茶具、服饰或周围环境融为一体。撞色搭配适用于轻松活泼或个性鲜明的主题，强烈的颜色对比能突出茶席设计中的重点，给观众带来视觉冲击。但对比色的搭配很考验编创者的审美能力，一旦选择不当会使茶席看上去杂乱无章，因此编创者需要运用正确的色彩搭配方法，讲究主次分明，实现既美观又能表达主题的目的。

色彩是表达情感的重要手段之一，编创者可以根据色彩的情感意义来选择茶席铺垫。色彩情感主要有固有性、主观性以及象征性的特点。固有性指因人们对色彩的直观认识来自感知器官产生的情感体验，而对色彩的情感有着固定的认识，红色热情，蓝色沉静，黄色活力，绿色富有生命力，白色纯洁，黑色深沉。主观性是指因主体思维具有个性与审美差异，对色彩情感的理解不相同，个体当下的心情也会影响对色彩情感的理解。色彩的象征性是历史沉淀的产物，与人文风俗、观念、信仰等息息相关，编创者在编创之前应充分了解该地的文化背景，避免使用在该地具有不吉利的色彩。

不同色彩的情感寓意

色系	色彩	情感寓意
冷色系	蓝	冰冷、孤独、陌生、沉静、理智、超凡脱俗
	青	自由、纯洁、朴实、希望、坚强、肃穆、庄重
	紫	神秘、温和、浪漫、端庄、优雅、高贵
	绿	清新、凉爽、自然、舒畅、生命力、新生

（续）

色系	色彩	情感寓意
暖色系	红	热情、喜庆、激进、活跃、热烈、朝气
	橙	柔和、温暖、乐观、亲切、光明
	黄	明快、单纯、天真、活力、金钱、权力
	粉	甜美、温柔、稚嫩、纯真、浪漫、甜蜜
	棕	温暖、成熟、可靠、亲和力、安定、平和
中间色系	白	明快、无瑕、纯洁、高雅、冷漠、冰冷
	黑	高贵、霸气、神秘、幽深、厚重、稳重
	灰	素净、简朴、寂寞、冷淡、冷静、智慧

3. 铺垫方法

最后，要使铺垫获得理想的效果，要根据铺垫的材质、形状、色彩以及所要表现的主题来选择合适的铺垫方法。主题茶艺的舞台表演，常用的铺垫方式是平铺与叠铺。平铺可用于桌铺或地铺，适合所有主题。桌铺时，可垂沿铺起到遮挡桌腿的作用，再饰以相配的流苏、绳结或其他饰物，更具有艺术美感。若桌子本身比较有质感也可不垂沿铺，只起到装饰的作用。叠铺是指两层或多层铺垫，能使茶席更加富有层次感和画面感。如历史文学类茶艺作品常运用纸铺，如书法、国画等，赋予茶席历史感与文学气息；茶旅融合类茶艺作品常将绸缎、纱等叠铺在桌面或地上，营造出波光粼粼的水面、仙气缥缈的山间云雾、被溅起的朵朵浪花。虽编创者可以发挥无穷的想象力，运用叠铺营造出想要的意象、氛围，但切忌过度。

（四）插花或其他

适当运用插花或摆件点缀茶席，不但能有效地烘托主题，还能深化茶席主题。

1. 插花

插花是茶席的点睛之笔，是可赋予茶席生命力的元素，花材的种类、色彩、造型、寓意都应遵循"和"的茶道美学，即与主题相符、与意境相衬。

插花花材可以根据创设的时节来选择。如用迎春、山茶、桃花、樱花、兰花、垂柳等表现春季；用荷花、栀子、茉莉、石榴花等表现夏季；用桂花、千日红、枫叶、小金橘等表现秋季；用蜡梅、银柳、水仙、南天竹、松枝等表现冬季。也可根据主题想表达的情感来选择，如梅表清骨、兰挺芳姿、紫薇和睦、红豆相思、水仙冰肌玉骨、牡丹国色天香……不同的花卉有不同

插花

的风采，真挚的友谊、纯洁的爱情、坚定的信仰、美好的祝福、崇高的精神皆可蕴藏在花中。

　　插花造型以简约为主。一是要求色彩搭配合理，花应与花器、铺垫、茶具、服饰的色彩相衬，色彩不宜太多太杂；二是要求构造精致，强调造型的姿态与神韵，要能完善茶席整体的构图结构，增加茶席的层次感；三是要求风格统一，如传统古典茶席搭配中式插花，现代都市茶席搭配西式插花。用最简约的花卉，创造出富有诗意的美感，表现出茶艺主题所追求的自然美、和谐美、简素美，撩起观众缕缕情思和美好联想，将其带进诗情画意之中。

2. 其他道具

　　其他道具的选用也应以烘托主题、深化主题为目的，且要求数量适宜、大小适中，质地、造型、色彩与茶具协调。编创者可以将奇石、假山、树木、花草、落叶、果实等融入茶席，让观赏者直观感受自然；用披风、斗笠、草帽、麦穗等装饰茶席，赋予茶席浓郁的乡土风情；将书、毛笔、砚台、油灯、竹简等摆在茶席上，营造浓厚的文学气息；用台灯、扇子、唱机、挂历等用于点缀茶席，增添茶席的生活气息；使剪纸、油纸伞、皮影、风筝、扇艺、脸谱等元素与茶席相融，展中华民族特色。

三、表演者形象塑造

表演者是茶艺表演的主角。表演者的礼仪细节是非常重要的，包括仪容、仪表、仪态、仪式。表演者对主题的理解以及诠释也非常重要。

主题茶艺编创最难的还是使作品具有感染力，表演者的感染力很大程度上决定了作品呈现出来的效果。表演者的服饰、化妆、道具、动作仪态是否与主题和谐也对呈现效果有很大影响。当然，表演者对礼仪细节的把握以及表演力不是一朝一夕就能速成的，这需要表演者有扎实的基本功、完善的茶礼仪知识和丰富的表演经验，因此接下来我们主要从仪容仪表方面来阐述如何围绕主题塑造表演者的形象。

（一）服饰

表演服饰多种多样，应与主题相符，与茶席色彩协调，且得体、端庄、大方，符合审美要求，即表演者的服饰应集实用性、审美性、象征性于一体。

1. 实用性

实用性指整洁端庄、方便操作。整洁的服饰可以衬托出冲泡者良好的精神面貌，使人观感舒适。另外，服饰不能影响表演者的冲泡动作。比如袖口较大容易绊倒茶具；袖口有较多吊坠或挂饰，在操作过程中容易落进杯中，污染茶汤；裙摆较长容易被表演者踩到，甚至洒掉端在手中的茶汤。此外，佩戴的饰品以小巧为宜，避免过于宽大和会晃动的饰品，如手链（展示少数民族茶文化时例外）。

2. 审美性

审美性指服饰要"美"，主要体现为和谐与含蓄。和谐即"相衬"，一方面是说服饰的款式、颜色应与表演者的年龄、肤色、身材协调，另一方面是指其色彩应与茶席、环境的色彩协调，主要用同色系或撞色系搭配。同色系搭配能使整体氛围一致，如同为暖色系更能体现温暖、柔和，同为冷色系更显清冷、沉静，但要注意的是不能选用与茶席或背景完全一致的色彩，这样会使表演者与环境融为一体。撞色系搭配在色彩和谐的前提下，更容易突出表演者，抓住观众的眼球。

民族服饰

3. 象征性

象征性是指表演者的服饰能够表现主题，观众通过服饰能捕捉到与主题相关的信息，因此服饰应围绕主题选择或设计。

一是应考虑创设的年代背景。如历史上的宫廷茶事多在唐宋明清时期，此时的服饰除了应满足该朝代的形制之外，还应根据各朝代的美学思想选择色彩与纹饰，唐代选用雍容华贵的牡丹，宋代选用淡雅恬静的兰花，明代选用吉祥生动的团云，清代选用秀美柔和的山水彩蝶。服饰的色彩、长短、厚薄应与季节匹配。春天色彩明快，宜用米黄、浅绿，款式轻薄；夏天以浅色为主，如白色、象牙黄、青色，面料应透气、飘逸，有垂感；秋冬色彩以暖色为主，如红色、棕色、藏蓝、姜黄，面料较厚实但不可过于臃肿。

二是应考虑创设的地域或民族。如表现少数民族的茶事活动应体现该民族的着装风格，不同民族有不同的纹饰图案与头饰器饰，苗族的银头饰就非常具有代表性，苗族人民在重大节庆场合都会佩戴。其他地域虽无特殊的服饰，但多将农作时或婚嫁时的服饰改良穿戴，如常见的

表演者形象示例

蓝色碎花茶服配头巾。或将该地域特有的刺绣工艺、山水画装饰在服饰上，突出该地的特色。若是日常生活场景，可选用简单朴素的现代改良茶服、日常着装、职业着装，如学校的校服、军人的军装、护士医生的工作服、空姐的职业装等。

　　三是应考虑创设人物的性格、心情、气质、精神品格。如棉麻茶服能衬托出女士的温婉与男士的儒雅，旗袍更能展现女人的韵味与气质，学生装可衬托出表演者的稚嫩与纯真，衬衣等正装能衬托出成熟的气质。从某种意义上来说，服饰是帮助观众迅速识别表演者性格特征、身份的关键信息。服饰的颜色可以渲染人物情绪，暖色系的服装表现幸福、兴奋、愉悦，刻画热情、友爱的人物；冷色系的服装表达冷静、严肃，刻画理性、高雅的人物。服饰的图纹能暗喻人物的精神品格，如表现君子品格的梅兰竹菊，象征坚贞不屈的梅花，有"花中隐士"之雅号的菊花，"出淤泥而不染"的荷花……

（二）发型

　　发型也是表演者角色塑造的关键部分，要求整洁、大方，不宜染色，额发不过眉。若头发长度过肩，泡茶时应将头发盘起。还应考虑角色的年龄、性格、职业、所处的时代。盘发与发簪的搭配显成熟知性，编发显年轻活泼，男士额前无刘海显精神干练。不同职业有不同的发型要求，一般以盘发为主，整洁且便于操作。少数民族多以头饰做造型，民间茶女的发型多为双麻花瓣。各个朝代的发髻不相同，应尽量还原历史。另外，发型需要与服饰风格协调，若服饰简洁单薄，配上蓬松的大发髻，就会显得头重脚轻，整体十分不和谐。因此，要依照服饰合理地设计发型，坚持和谐求同的原则，才能更好地塑造人物形象。

（三）妆容

妆容在角色塑造中的价值不可忽视，它可以放大舞台上表演者面部表情，帮助传递情感，增强表演力与感染力。茶是淡雅之品，因此表演者忌浓妆艳抹，以中式妆容为主，底妆要求干净，眼妆不宜太浓太夸张，眉型细长，唇色自然，展示出良好的精神面貌，表现出对客人的尊重。若背景为古代，编创者应研究各个朝代的妆容风格，尽量还原。人物的性格也可通过妆容来体现，如眉型稍高挑会显得人比较凌厉，眉型较平缓会显得人比较温柔。口红偏红人物更加成熟有气场，而口红偏淡人物更加平易近人。也常使用较大面积的腮红去塑造性格比较可爱的角色。

四、流程设计

在创作主题茶艺作品过程中，泡茶流程以及动作设计是不能忽视的问题。作品的流程也应根据主题进行设计，首先是要尊重历史、民俗，尽量还原各个朝代、民族或地域的烹饮流程。其次是在设计流程时，编创者应考虑两个方面的问题，一是要符合茶性，二是动作要具有艺术的美感。即应根据不同的茶品进行科学设计，根据不同的主题结合其他艺术元素进行艺术设计，实现表演流程中科学性与艺术性的统一。

（一）科学性

现代茶艺的饮茶方式多元化，清饮、调饮各有特色，冲泡要根据不同茶品的茶性来确定冲泡流程，投茶量、水温、茶水比、水的软硬清浊、浸泡时间都能影响茶汤的滋味。六大茶类的清饮冲泡流程见下表。

绿茶冲泡流程

步骤			时长	技术要求
前期准备	备水			纯净水。高档绿茶，水温以 75 ~ 80℃为宜；普通绿茶，水温以 85℃左右为宜；低档绿茶，水温以 90℃以上为宜
	布置茶席		< 5 分钟	
冲泡	下投法	展具、洁具	2 ~ 3 分钟	
		赏茶、投茶	约 1 分钟	单杯泡：茶水比以 1 ：50 为宜，即 1 克茶叶用水 50 毫升 分杯泡：茶水比以 1 ：30 为宜，即 1 克茶叶用水 30 毫升 投茶量可根据茶叶的老嫩、品饮者的个人喜好适当增减
		润茶	约 1 分钟	注水至茶杯容量的 1/3，然后轻轻晃杯使茶吸水伸展
		高冲	约 1 分钟	注水至七分满，常采用凤凰三点头的手法表达对观众的敬意
	中投法	展具、洁具	2 ~ 3 分钟	
		注水	< 0.5 分钟	注水至茶杯容量的 1/3
		赏茶、投茶	约 1 分钟	投茶量、茶水比同上，投茶后轻轻晃杯待茶吸水伸展
		高冲	约 1 分钟	注水至七分满，手法同上
	上投法	展具、洁具	2 ~ 3 分钟	
		注水	< 30 秒钟	注水至七分满，一般采用定点高冲
		赏茶、投茶	约 1 分钟	投茶后待茶叶徐徐下沉
奉茶	出汤、分汤		约 1 分钟	单杯泡：无此步骤 分杯泡：冲泡 30 秒后即可出汤分杯
	下台奉茶		2 ~ 3 分钟	
	回座品茶		约 1 分钟	此步骤可省略

红茶冲泡流程

步骤		时长	技术要求
前期准备	备水		纯净水，水温以 90 ~ 95℃为宜
	布置茶席	< 5 分钟	
冲泡	展具、洁具	2 ~ 3 分钟	
	赏茶、投茶	约 1 分钟	分杯泡：茶水比以 1 ：40 为宜
	润茶	约 1 分钟	注水至茶杯容量的 1/3，然后轻轻晃杯使茶吸水伸展
	高冲	约 1 分钟	注水至七分满

(续)

步骤		时长	技术要求
奉茶	出汤、分汤	约1分钟	冲泡30秒钟后即可出汤分杯
	下台奉茶	2～3分钟	
	回座品茶	约1分钟	此步骤可省略

黄茶冲泡流程

步骤		时长	技术要求
前期准备	备水		纯净水，水温以90～95℃为宜。黄大茶、黄茶饼可用100℃的沸水
	布置茶席	＜5分钟	
冲泡	展具、洁具	2～3分钟	
	赏茶、投茶	约1分钟	单杯泡：茶水比以1：50为宜(君山银针主要使用单杯泡) 分杯泡：茶水比以1：30为宜
	润茶	约1分钟	注水至茶杯容量的1/3，然后轻轻晃杯使茶吸水伸展
	高冲	约1分钟	注水至七分满。同绿茶一样常采用凤凰三点头的手法
奉茶	出汤、分汤	约1分钟	分杯泡：冲泡30秒钟后即可出汤分杯
	下台奉茶	2～3分钟	
	回座品茶	约1分钟	此步骤可省略

青茶冲泡流程

步骤		时长	技术要求
前期准备	备水		纯净水，宜用100℃的沸水
	布置茶席	＜5分钟	
冲泡	展具、洁具	约2分钟	此时不用洗品茗杯
	赏茶、投茶	约1分钟	分杯泡：茶水比以1：20为宜。颗粒状茶叶投放量为茶壶容积的1/4～1/3；条形茶叶投放量为茶壶容积的1/3～4/5，一般以茶叶吸水膨胀后不超过壶口为宜
	高冲	约1分钟	注水至七分满
	闷茶	约1分钟	此时洗品茗杯，随即倒掉杯中的水
奉茶	出汤、分汤	约1分钟	闷茶后茶汤浓淡适宜，即可迅速出汤
	下台奉茶	2～3分钟	
	回座品茶	约1分钟	此步骤可省略

白茶冲泡流程

步骤		时长	技术要求
前期准备	备水		纯净水，水温以 90 ~ 95℃为宜。寿眉叶粗，不易出味，可以用 100℃的沸水冲泡或煮饮
	布置茶席	＜ 5 分钟	
冲泡	展具、洁具	2 ~ 3 分钟	
	赏茶、投茶	约 1 分钟	分杯泡：茶水比以 1：30 为宜
	润茶	约 1 分钟	注水至茶杯容量的 1/3，然后轻轻晃杯使茶吸水伸展
	高冲	约 1 分钟	注水至七分满
奉茶	出汤、分汤	约 1 分钟	冲泡约 1 分钟后可出汤分杯
	下台奉茶	2 ~ 3 分钟	
	回座品茶	约 1 分钟	此步骤可省略

黑茶冲泡流程

步骤		时长	技术要求
前期准备	备水		纯净水，宜用 100℃的沸水。原料粗老的黑茶适合煮饮
	布置茶席	＜ 5 分钟	
冲泡	展具、洁具	约 2 分钟	此时不用洗品茗杯
	赏茶、投茶	约 1 分钟	分杯泡：茶水比以 1：24 为宜 煮饮：茶水比以 1：80 ~ 1：30 为宜
	醒茶 / 润茶	约 1 分钟	醒茶：黑茶茶砖较紧实，不能在短时间内浸出内含成分。因此应注水至七分满，然后轻轻晃杯使砖体松散、茶叶舒展，再将茶水倒掉 润茶：天尖、六堡、熟普等未压成茶砖的茶品，不需要醒茶。注水至茶杯容量的 1/3，然后轻轻晃杯使茶吸水伸展
	高冲	约 1 分钟	注水至七分满
	闷茶	约 1 分钟	此时洗品茗杯，随即倒掉杯中的水。若醒茶的茶汤倒进了公道杯，此时也应将公道杯中的茶汤倒入水盂，具体情况视茶品适宜的浸泡时间而定
奉茶	出汤、分汤	约 1 分钟	闷茶后茶汤浓淡适宜，即可迅速出汤
	下台奉茶	2 ~ 3 分钟	
	回座品茶	约 1 分钟	此步骤可省略

（二）艺术性

艺术性主要体现在入场、冲泡、结尾环节，这些环节融入了其他艺术元素、形式，如舞蹈、朗诵、情景表演、书法、乐器、声乐等。肢体语言有美化茶艺表演的功能，能够直接地表达和传递美的茶艺艺术。开场融入一段舞蹈能迅速吸引观众，奠定整体的感情基调。茶风茶俗类茶艺作品以该民族舞蹈开场，更能凸显该民族特色。泡茶过程中以舞伴茶，舞台画面更加生动丰富。但需注意，舞蹈是配角，其动作幅度、舞台流动不应过大，应以服务茶艺表演为前提。朗诵可以巧妙地贯穿茶艺表演中，主要是合理运用声音对茶艺作品进行渲染，从而进行主题茶艺作品的情感与艺术表达。情景表演通常是室内剧，在当今艺术类节目中常被使用。编创者设定特定的场景、剧情，通过表演者的演绎、对话，帮助观众了解故事背景与茶艺主题，同时以剧情为主线推动情感发展。书法是中华文化的瑰宝，是中国哲学、文学、中华民族精神气质的体现，与茶在人文气息上相通。因此，我们可以在茶席、背景、茶具、服装、道具上融入书法的元素，也可以将茶艺与书法表演相结合，书法所表现出来的"美"的气质与茶相通，能集中反映我国"天人合一"的哲学思想。乐器与声乐都可以带来听觉方面的艺术享受，将其融入茶艺表演，能丰富茶艺表演的内涵，还能增强饮茶氛围，突出主题，帮助表演者表达情感。

由于舞台表演有时间与空间的局限，编创者需要考虑艺术表演与茶艺操作流程的比重，使整体逻辑和时间安排合理。入场是整个茶艺表演的开端，简短但要有吸引力，时长一般控制在1分钟左右，过长的入场会削弱作品主题。结尾是整个节目情感升华的部分，一般在30秒至1分钟，时间太长反倒显得累赘多余。值得注意的是，在冲泡过程中，有些茶叶浸泡的时间短，有些浸泡时间长，应合理安排。如浸泡君山银针时，等候君山银针吸水浸泡而呈现"三起三落"的美景，需要1分钟左右，可以利用这个时间介绍君山银针的有关传说，或以舞化形，演绎君山银针的动态美。

五、文本撰写与解说要求

解说在茶艺作品中不可或缺，为茶艺表演服务。一段富有感染力的解说，能够向观众说明表演的内容，帮助其充分领略茶艺主题，使其体会到表达的情感。

（一）文本撰写

1. 紧扣主题

　　文本在编创初期相当于创意文案，是编导创意思维的书面呈现，编导的主题构思、茶席设计元素、表演角色等要素都应在解说文本中体现。首先，应先根据茶艺的表现形式来确定文本文体或体裁。如采用情景剧的表现形式，应使用戏剧体裁撰写文本，主要通过不同角色之间的对话来达到叙事抒情的目的。采用讲述故事的形式，可选用记叙文文体，通过故事情节的叙述和环境的描写反映社会。采用其他较自由地抒发所见、所闻、所感的形式，可选用叙事散文、抒情散文、托物言志、借景抒情。其次，编创者应充分了解创作的历史背景、人文背景，以及当地的民俗风俗，注意解说词的本土化，围绕主题撰写文本内容。文学历史类茶艺作品应根据选择的历史人物、典故或文学作品进行内容撰写；家国情怀类茶艺作品应把握时事，了解党的历史，突出爱国、爱党、爱人民的情怀；茶旅融合类、茶风茶俗类茶艺作品应着重描写当地的自然风景、人文风情、民风民俗；品牌传播类茶艺作品则以茶品产地环境、加工工艺、品质特点、企业文化等内容为主；情感道德类、人文关怀类茶艺作品应聚焦人物角色的品格、精神、成长环境等；哲思感悟类茶艺作品应将生活中的人、事、物、景等与茶的人文特质结合，讲述某个哲理或人生道理。

2. 语句优美

　　解说词的文本应服从茶艺表演的整体美学风格，体现"和"的意境。

　　一是语句结构讲究齐整对称。湖南农业大学《大国茶香》中的"一器成名只为茗，悦来客满是茶香。""草树饶野意，山川多古情。"便与茶道美学的和谐对称观点契合。

　　二是词彩音韵讲究柔美和谐。湖南农业大学《你来得正是时候》中的"云想衣裳花想容，春风拂槛露华浓。""草堂幽事许谁分，石鼎茶烟隔户闻。"音韵和谐，便于解说员娓娓道来。

　　三是借用修辞丰润意象，对茶艺程式的说明应尽量形象化、含蓄化，采用修辞则是常用方式，在修辞技巧中又以比喻和象征为最常用。湖南农业大学《边城印象》对投茶这一步这样介绍："此刻，片片嫩芽飞入杯中，银里隐翠的武陵绿，金毫显露的武陵红，正似那点缀春天的绿的柳，红的花，山城春景依稀可见。"将茶叶比喻为绿柳、红花，使观众仿佛置身于湘西山城之中，柳叶飘落、花香弥漫，引起欣赏者的无限想象。

3. 结合沏茶程序且有留白

　　解说文本的撰写，不同于简单的文章撰写，其文本内容还应结合沏茶程序。展具时需介绍茶席选用的茶具，洁具时常借水的清净、谦逊、包容、变通、调和等品质精神比喻该步骤，赏茶时应介绍所选用的茶品，润茶时茶叶的舒展浸出以及高冲时茶叶的激荡翻滚常用于比喻人们无私奉献的精神或经历浮浮沉沉的人生，奉茶时要道出其中寓含的美好的祝愿。此外，解说内容应根据每个操作步骤的时长设计，内容不应太满，在表演过程中应有留白，给观众留下无限想象空间。

（二）解说要求

解说的声音对意境的营造具有很大的作用，要求音色轻柔或沉稳厚重，普通话标准、咬字清晰，富有情感和韵律，抑扬顿挫、轻重疾徐，以情着声、以声传情。

1. 音色好听

音色是指声音的个性特征，优美的音色才能更吸引观众、打动观众，才能使解说的作用最大化。不同风格的解说文本对音色的要求也不同，解说员要善于利用自己的音色特点去展现主题茶艺作品的风格，营造意境，诠释情感。

2. 普通话标准

普通话是否标准很大程度上影响了观众能否接收到和理解茶艺的主题理念、情感表达。因此，解说员要注意解说过程中咬字的清晰度，不能囫囵吞枣，生僻字、多音字、易误读字应反复考证以确定其标准读音。

3. 富有情感和韵律

首先要自然，不生硬，这需要解说员熟悉解说词。其次要有节奏感，抑扬顿挫、快慢有致、轻重有方。快时、重时，如江河之水，汹涌澎湃；慢时、轻时，如涓涓溪水，碧波浩渺。最后要有情感，解说员的情感应融入文辞与氛围中，带着感受到的情感去朗读，带领观众品味文本的情感基调，品味编创者的意图。

六、意境营造

环境与茶席、器物、茶品共同构成有意境的场所。茶艺比赛，主要是通过背景音乐、背景视频、舞台设计来营造意境，渲染氛围。背景音乐、背景视频与舞台场景的搭配是否和谐是意境营造的关键。意境的营造需要动态与静态相结合，静态包括茶席布置、舞台布置，动态包括灯光以及背景视频。

（一）背景音乐

背景音乐是主题茶艺作品的一部分，选配的音乐必须为茶艺主题服务，音乐是否合适直接影响茶艺表演的整体效果，合适的音乐能够使茶艺表演更加生动，引发观众的情感共鸣。

1. 符合时代背景

背景音乐要根据创设的年代选配。从唐代开始，琴箫等高雅乐器便与茶艺结合供皇家贵族欣赏；宋代，饮茶赏乐在平民百姓中普及，管弦乐器也为茶艺伴奏；明朝时期，除通俗音乐，文人雅士常以小曲配茶，修身养性；清代以后，茶艺背景音乐更加多元化，曲艺演唱与品茗的搭配颇具吸引力；改革开放后，随着茶文化的传播与东西方文化的交流，茶艺表演仍多用古筝、笙箫、古琴、二胡、琵琶等中国古典乐器伴奏，而钢琴、大提琴、小提琴等演奏的音乐，现代流行音乐也可以成为茶艺表演的伴奏。

2. 符合民族或地域特色

根据民族类别、地域文化特点选择的背景音乐多应用在茶风茶俗类茶艺作品中。若以传统节日为主题，应选择与节日相关的音乐，如春节选用《喜洋洋》烘托热闹的氛围，中秋节则可使用《水调歌头》表达"千里共婵娟"的思乡之情；若以民俗风情为主题，则应选用该民族的音乐，如苗族可选用《飞歌》，瑶族可选用《瑶族舞曲》等；若以各个地区的风俗为特色，可选用具有当地特色的歌曲，如湖南可选配《浏阳河》的纯音乐版本，耳熟能详的歌曲更能拉近与观众的距离。

3. 符合茶性

品牌传播类、茶旅融合类茶艺作品可以按茶品特性或茶品产地的特色选配音乐。绿茶、黄茶品质清新，可选取一些用笛子、古筝等演奏的音乐作为配乐。红茶茶性温和，可考虑因钢琴、萨克斯、小提琴等乐器演奏的或人声演唱的抒情音乐。乌龙茶香气独特，茶韵悠长，可选用曲调优美、悠扬、舒缓的曲子。黑茶、白茶"越陈越香"，茶人常将其比喻成人生阅历深厚，平和

背景视频部分示图

淡定的智者，因此古琴是常选择的乐器。若有专门为茶品创作的歌曲，如安化黑茶——《你来得正是时候》，古丈毛尖——《古丈茶歌》，潇湘绿茶——《潇湘茶歌》等，将其与茶艺表演结合，更能起到宣传产品、推动当地旅游业发展的作用。

4. 符合主题情感表达

　　背景音乐的选择，可以主题情感为参考。茶艺作品想表达的忧伤、快乐、激情、崇拜、赞美等各类感情都能通过音乐来传递。想安静地讲述某段故事，营造抒情、温馨的氛围，轻柔的钢琴曲是不错的选择；描述国家的伟大，或想激励、鼓励人，传递正能量，可选配节奏欢快、气势恢宏大气的打击乐、交响乐，或选配民乐合奏，以充分体现民族特色与民族自信；描述青春成长过程的轻快的钢琴曲、吉他曲能使人心情愉悦。

（二）背景视频

　　背景是茶艺表演视觉的延伸，背景视频对意境起衬托、美化、点缀的作用，可增强茶艺作品的艺术表现力，增强视觉效果，营造相关氛围与意境，传达作品的主旨与情感，提高观众的审美水平，这些是传统布景不能达到的。

1. 画质清晰

画面清晰是背景视频的根本，模糊的画质会影响观众的观感，而高清的画质能让观众仿佛置身于画面中，让视觉体验更加真实。一些使用背景视频进行实景模拟的茶艺表演，如模拟雪地、庭院、客厅、教室、宫廷等场地，对视频画质的要求更高。

2. 构图简洁、色彩和谐

构图与色彩是营造茶艺作品意境的重要因素。一个构图好的背景视频能使茶艺表演更有层次、意境，更富表现力与艺术感染力。琐碎复杂的视频往往会使观众感到眼花缭乱，比如视频的文字、人像太多，会分散观众的注意力。而越是简洁干净的背景，画面越有美感，越有利于突出茶艺表演主体。背景视频的色彩应与茶席、服装、舞台和谐统一，在色调上应与主体形成一定的对比，这样才不会把主体吞没。简洁的构图与和谐的色彩能在营造意境的同时更好地衬托出茶席与表演者，对舞台演出的时空进行有效拓展延伸。

3. 紧扣主题

背景视频能对茶艺表演的内容进行展示，包括风景、茶品、茶具等，且可根据解说内容、节奏选择画面素材，能有效丰富茶艺表演的内容，有助于观众对茶艺表演进行理解。若以情景表演的形式演绎茶艺作品，背景视频多起到模拟实景的作用，如学校、公园、房间、机场、小区等。除了根据主题的场景、风景、季节等选择实景素材外，还可以根据主题茶艺的情感氛围与想要构建的意境选用动画、水墨画等虚拟效果图渲染。如讲述历史人物的故事可以选用画卷、书卷的背景；水墨画、山水画重在写意，能使人产生丰富的遐想。此外，背景视频的色彩也能给观众不同的感受，如红、橙等暖色调能让观众感受到热烈、喜庆，蓝、紫等冷色调能让观众感受到寒冷、静谧。

（三）舞台设计

舞台作为茶艺表演的媒介，具有传播文化艺术的功能。编创者应根据茶艺表演的主题思想、情感基调，把握舞台风格，营造主题氛围。这里的舞台设计是指除了茶席、背景视频的舞美，主要包括舞台布景、灯光两个要素。

1. 舞台布景

舞台布景是指舞台表演中搭建的场景，茶艺表演多运用屏风、竹林、草坪等道具布置舞台，为人物表现、故事展现提供环境空间，是承载舞台表演的物质实体。创设背景为古代，可选用屏风、砚台、笔架、竹简等充满古风古韵的道具；为现代时，则可选用沙发、台灯、镜子、油画等具有现代生活气息的物品；展现民族地域特色时，应根据该民族或地域的图腾、服饰等特色元素布置舞台；展现自然风景时，常使用竹林、草坪、船只、假山、镜面纸、液氮等道具。需要注意的是，茶艺表演的主体是茶艺表演者与茶席，舞台布景不应太过复杂，它只是帮助作品构建环境，营造氛围。因此，简约的舞台布置是主题茶艺作品所需要的，它既不会掩盖茶艺表演的主体，还能增加茶席的张力，帮衬表达主题。

2. 舞台灯光

舞台灯光对节目表演效果具有十分重要的影响，具有营造、优化舞台表演氛围的作用。舞台灯光一般根据茶艺表演的情感设计，灯光的明暗、色彩、节奏都会影响作品的表达。如昏暗的灯光营造庄严肃穆的氛围，明亮的灯光将舞台衬托得更加清新明朗。灯光色彩也会影响表演效果，暖色的灯光更温馨，冷色的灯光更显清雅，色彩不断变化，营造轻松欢快的气氛。光的音乐感，能在光的流动中体现，其流动节奏应依据音乐变化，加强表演的感染力，实现观看过程中听觉与视觉的协调一致。茶艺表演一般以雅、静、美、和为特点，因此灯光不应太过绚丽动感，常使用柔和、色彩淡雅、流动节奏缓慢的灯光营造氛围。当然，若作品情绪变化大，可通过增加灯光亮度，增加灯光色彩的饱和度，随音乐加快灯光的节奏，帮助表演者充分宣泄情绪。

3. 虚实结合

实景的舞台能直接传递信息，是既定的、特有的、可视的、可触的现实空间。而灯光渲染出的舞台，是传递文化、情感的虚幻空间。编创者应学会巧妙运用舞台空间，营造出虚实结合的环境，引导观众进入审美和联想之中。随着科技的迅速发展，文化设施日益成熟，舞美设计与时俱进，应用起了各种现代化的科技手段，例如新媒体技术、光影技术等，打破了传统的舞台时间与空间的限制，全方位、立体化地对舞台呈现进行创新，增加舞台艺术表现力。

第五章
茶艺作品赏析

Zhongguo Chadao
Jishu Zhi Dao

茶艺表演能带给观赏者从视觉、听觉、嗅觉到精神的全方位享受，近年来，伴随着人们对文化的需求越来越多样，优秀的茶艺节目不断涌现，有的讴歌时代，有的礼赞劳动者，有的回味历史，有的弘扬地方文化……本章通过赏析具有代表性的茶艺作品，一窥茶艺之美。

一、文学历史类茶艺作品——《边城印象》

编创团队：湖南农业大学

该作品获 2014 年第二届全国大学生茶艺技能大赛团体赛二等奖。

（一）主题

《边城印象》以著名湘籍作家沈从文所著《边城》为背景，以湘西特色风土人情为依托，以文中湘女翠翠为主要形象进行作品创作，将湘西特有的秀丽美景、《边城》中的人物、源远流长的湖湘茶文化有机结合起来，充分展现湖湘文化与茶文化特色。

（二）茶席

1. 茶品

茶品选用了产于湖南武陵山片区的武陵绿茶和武陵红茶。武陵绿茶条索细紧、锋苗显露、银里隐翠，充满着生机，象征着希望；武陵红茶条索紧结、乌黑油润、金毫显露，香甜味醇、柔和温暖，寓意幸福。

2. 茶具

选用盖碗冲泡武陵绿茶，杯盖与杯身为瓷质，杯身为透明玻璃材质，以便于欣赏芽叶在杯中的美丽姿态；选用陶土翠釉手绘茶壶冲泡武陵红茶，壶身图案浓缩了湘西美景，体现出边城特色。

1　武陵绿茶　　4　陶壶
2　武陵红茶　　5、6　茶席
3　盖碗

1	2
3	4
5	6

3. 茶席布置

桌布选用了深蓝色绸缎桌布，奠定整体基调。搭配的红色民族风桌旗与头花的色彩相呼应；桌旗上的中国结吊坠与结尾主题升华时的中国梦相呼应。虚实相生，桌上摆放的木房子摆件，透露出山城淳朴的民风。插花选用的花朵以黄色、红色为主，明亮热烈，映衬出山城人民的热情和对美好生活的向往。

（三）表演者形象

服饰以黑色为主色调，胸口有大面积玫红色，起到了提亮色彩的效果。裙子上的绣片、袖口的绣花等均体现出了浓厚的湘西民族特色。妆容选择了清新淡雅的中式古典妆容，妆面干净，温柔不张扬。发型选用盘发，装饰有红花和银钗，既不笨重，又符合湘西特色，更体现出了湘女们的自然之美。

（四）流程

《边城印象》中。武陵绿茶是单杯冲泡不分杯，采用下投法，因在舞台上冲泡时间较短，故投茶后，先注入1/3的水润茶，使茶芽与水充分接触，再高冲至七分满，以保证茶汤浓度适宜。武陵红茶采用分杯泡法，为了使红茶茶汤滋味更醇厚，不仅有润茶的步骤，且在高冲后再洗品茗杯以拉长闷茶的时间。

《边城印象》融合了舞蹈艺术。开场用一段简单柔美的舞蹈，结合解说词交代了节目背景，塑造了纯洁、善良的湘女翠翠的形象，其他湘女们拨开屏风上场，如从画中走来，并带领观众走进美丽的湘西。节目结尾，其他演员们回到屏风后，留一人在台上舞蹈，结束时的回眸一笑留给观众无限遐想。

《边城印象》茶艺流程

步骤		技术参数
前期 准备	准备泡茶用水	纯净水 武陵绿茶：80 ～ 85℃ 武陵红茶：90 ～ 95℃
入场	舞蹈	
泡茶	净手、展具	
	赏茶	
	洁具	
	投茶	投茶量在 3 克左右
	润茶	
	高冲	茶水比为 1：50
	出汤、分汤	
奉茶、收具		
结尾	舞蹈	

背景视频部分示图

（五）解说词

　　解说词由引子、正文和结尾 3 个部分组成。引子部分介绍主题，奠定感情基调。正文部分主要描绘湘西的美景，呈现淳朴的民风。语言简练优美，每段开头以七字诗句的形式介绍本段主体内容，结构整齐对称，且与茶艺流程完美结合，如洁具一段是"茶峒溪水涓涓清，烟雨蒙蒙沱江美"，投茶一段是"柳绿花红春意浓，杏花春雨入梦来"。结尾讲述了神秘的边城因"拼搏奋斗""中国梦"而蓬勃发展，边城儿女们也走出了大山，走向了世界，起到了升华主题的作用。声音上，男声大气沉稳，女声语调柔美，声情兼备，娓娓道来。

（六）意境

1. 背景音乐

　　背景音乐选用的是赵聪的《夜雨双唱》，乐器是竹笛与琵琶，时而轻快悠扬，时而大气磅礴。在解说描述中有水声的地方加入了竹篙划过水面的声音、溪流潺潺的声音、淅淅沥沥的春雨声、瀑布声等，更给观众一种身临其境的感觉。

2. 背景视频

　　背景视频随着解说词内容的变化，浮现出吊脚楼、青山翠竹、茶峒溪水、沱江渡船、青青茶园等画面，带领观众欣赏湘西美景，走进营造的氛围中。

舞台布景

3. 舞台

　　舞台布景虽简约但富有意境。将绘有边城山水、吊脚楼的屏风摆在舞台两侧，突出山城特色，且表演者从屏风后出场，虚实相生，给予观众无限的想象空间，仿佛翠翠从书中走来，更加鲜活生动。灯光柔和，洒落"书"中。

二、家国情怀类茶艺作品——《你来得正是时候》

　　编创团队：湖南农业大学

　　该作品获 2016 年第三届全国大学生茶艺技能大赛团体赛二等奖。

（一）主题

　　茶作为古丝绸之路中国三大出口商品（茶、丝绸、瓷器）之一，代表着中国的形象和文化，湖南益阳安化黑茶曾随着商贾驼铃成为"世界之饮"。《你来得正是时候》茶艺作品以安化黑茶为主角，与时代热点"一带一路"相结合。

1　茯砖茶

2　千两茶

3　长沙铜官窑茶具

（二）茶席

1. 茶品

　　茶品选用产自湖南安化的茯砖茶、千两茶、黑砖茶。茯砖茶松紧适度、金花茂盛、菌香浓郁；千两茶被誉为"世界茶王"，茶体紧结，滋味陈醇；黑砖茶滋味醇和，用于调饮别有一番风味。

2. 茶具

　　该茶艺作品用三个部分展示安化黑茶不同的饮法：清饮、煮饮、调饮。清饮法选用陶壶冲泡茯砖茶；煮饮法选用陶壶煮千两茶；调饮法用陶罐，煮出的黑砖茶汤与牛奶按 1：1 的比例混合制作。茶具均产自长沙铜官窑，美观雅致，釉色匀润，茶具上的飞鸟纹饰古朴生动，更衬托出安化黑茶的大气与质朴。

$\dfrac{1}{2}$

1　茶席
2　插花

3. 茶席布置

该作品茶席分为 3 个区域。清饮、调饮区位于舞台正中间，茶席铺垫选用棕色桌布，搭配灰色桌旗，古朴沉稳，与黑茶的品质相得益彰；游子对话区设在舞台左侧，桌布选用深蓝色，比较贴近日常生活；调饮区选用具有蒙古族特色图案的桌布。

插花作品，放置于茶席正中间，同时起到了装饰水盂的作用。色彩鲜艳的花朵与色彩深沉的桌布形成了鲜明的对比，与调饮茶席的色彩呼应，并给予了茶席生命力。

1　清饮、煮饮服饰
2　调饮服饰
3　游子角色服饰

1	2
3	

（三）表演者形象

　　清饮、煮饮茶艺师身穿白色中式茶服搭配藏青色裙子；调饮茶艺师身穿蒙古族服饰；两位游子身着中国传统服饰，女士身着灰色旗袍，色彩低调不抢眼，男士着长衫，风度翩翩。女士头发皆采用编发，防止头发掉进茶汤或扫倒茶具。

（四）流程

　　《你来得正是时候》设置了两个角色推动茶艺流程。首先两个离开家乡很久的人看到报纸上的黑茶文化节要开幕了，决定回故乡看看，拉开了节目序幕，紧接着用一段舞蹈来表现黑茶文化节开幕式的热闹场景，音乐选择了《你来得正是时候》，直奔主题。黑茶经过压制，砖体紧实，需醒茶、润茶、闷茶，以充分浸润茶叶，呈现出良好滋味。在冲泡过程中，游子想起了蒙古族奶茶，也是用安化的黑茶砖调制而成的，便通过走位，引导观众将注意力转移到调饮区。最后所有茶艺师在台上排成 V 形，集体朗诵，将少年学子壮志报国的情怀推向高潮。

《你来得正是时候》茶艺流程

步骤		技术参数	备注
前期准备	准备泡茶用水	纯净水、100℃ 酒精灯全程加热	
入场 1	对话		
入场 2	舞蹈		
泡茶	展具		
	洁具		
	赏茶、投茶	投茶量在 3 克左右	
	醒茶		
	润茶		煮饮的茶艺师奉茶点
	闷茶（洗杯）		
	冲泡、出汤	茶水比为 1 : 50	调饮（茶：奶 =1 : 1） 调饮与清饮同步
	分汤		
奉茶、品茶	清饮、煮饮、奉茶		
	调饮奉茶 （清饮、煮饮品茶）		
结尾	朗诵		

（五）解说词

　　《你来得正是时候》解说词最大的创新点是采用对话形式推动茶艺流程，并穿插旁白。对话形式亲切，通俗易懂且有剧情感。如在赏茶步骤采用对话形式介绍茶叶品质与泡饮方式，"男：金花灿灿若珍宝，菌香浓郁味甘醇，泡饮便于体现茯砖茶茂盛的金花和独有的菌香。女：千两茶被誉为'世界茶王'，茶体紧结，用煮饮方式更加能体现其陈醇风味。"

　　旁白善用诗句，如"云想衣裳花想容，春风拂槛露华浓"。音韵柔美和谐，意蕴悠长深远，如"草堂幽事许谁分，石鼎茶烟隔户闻。山有天地，万叠云间，习幽静，修清风。"使用修辞手法，如千两茶使用粽叶、竹篾包裹，将其比喻成"面纱"，安化黑茶曾是丝绸之路上的神秘之茶，如今走进家家户户，将这一过程拟人化为"它拨开一层层面纱，向我们款款走来"。

背景视频部分示图

（六）意境

1. 背景音乐

　　背景音乐开头选用的是安化黑茶推广曲——《你来得正是时候》，这首歌是对茶马古道的优美诠释，唱出了湖南安化的文化底蕴，是安化黑茶的有声名片，开篇点题。泡茶阶段选用古筝曲，安静沉稳，将安化黑茶的故事娓娓道来。

2. 背景视频

　　背景图跟随解说词，先展现黑茶文化节等体现主题，然后展现茶马古道、永锡桥、资江等安化特色景点为主，也表现茶具、茶品、黑茶加工过程等。在调饮阶段，播放草原、蒙古包等画面。

舞台布景

3. 舞台

舞台布景富有巧思。屏风设置在调饮区,屏风上有两面画面,一面为安化黑茶博物馆,另一面是蒙古包,起初用安化黑茶博物馆这面遮挡住调饮茶席,在调饮环节,屏风一转,以蒙古包作为调饮茶席背景。游子对话区用千两茶作为装饰,以营造在家中的感觉。

三、人文关怀类茶艺作品——《星语茶 慢时光》

编创者:卫艺炜

该作品获 2018 年第四届全国大学生茶艺技能大赛个人创新赛一等奖。

(一)主题

孤独症儿童属于特殊群体,他们更需要家人的陪伴与社会的关爱。该茶艺通过具有故事性、生活化的演绎,呼吁社会大众关注孤独症群体,了解孤独症儿童的现状,尽自己的力量传递爱与关怀。

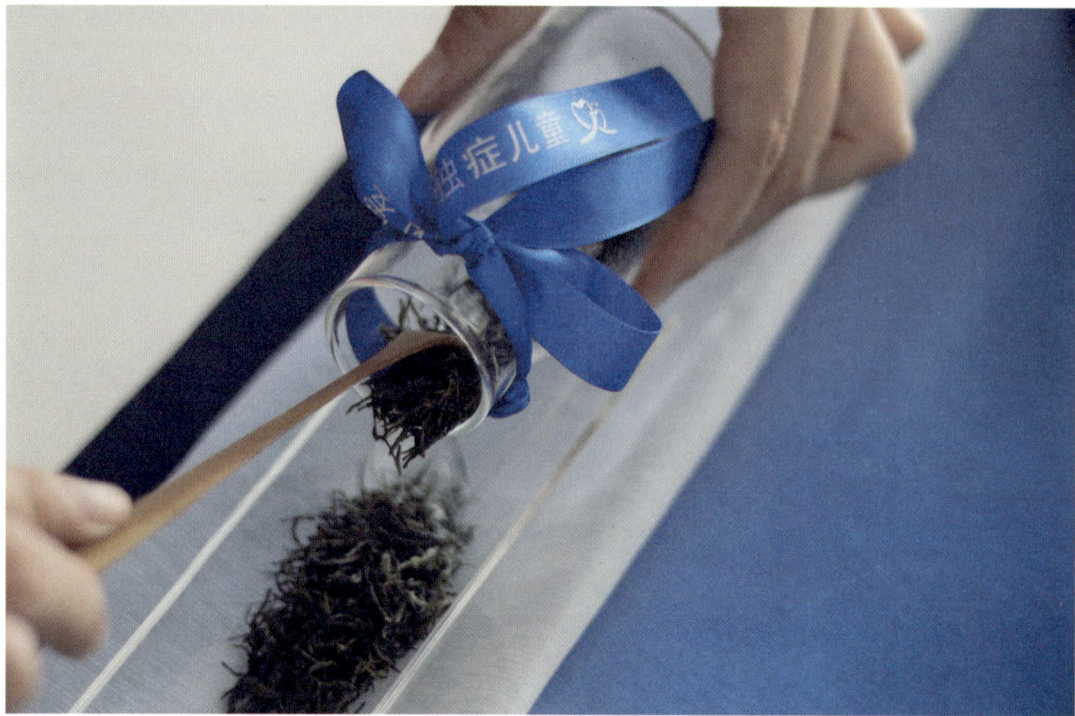

信阳毛尖

　　该作品在主题选择上令人耳目一新，使其能够在众多茶艺作品中脱颖而出。该茶艺作品讲述了孤独症儿童在与茶的相处过程中，逐渐打开自己的心门，不断成长的故事。不仅能让观众共情，进一步认识和关注孤独症儿童，具有较深远的社会意义，也挖掘了茶的心理健康治疗功能。

（二）茶席

1. 茶品

　　茶品是根据想要刻画的人物性格选择的。绿茶信阳毛尖作为不发酵茶类，是最接近原始状态的一类茶叶，冲泡绿茶，更像是用温柔唤醒一个熟睡的孩童，可见其缓慢舒展，终显姿态。绿茶信阳毛尖符合孩童单纯可爱、干净无瑕的形象。

2. 茶具

　　茶具选用敞口玻璃杯，一是符合茶性，玻璃材质的茶具更适宜冲泡绿茶，有利于欣赏茶汤色泽，方便品饮。二是玻璃杯清透冰洁，无纹饰，符合主题要表现的孩童简单通透、纯净无瑕

敞口玻璃杯

茶席

的特点。三是该器型比较现代，符合主题设定的现代日常生活。茶具摆放有层次感，六只山形透明玻璃杯，下宽上窄，前后交错排列，前排使用圆形镜面衬出茶汤色泽，后排使用水晶小托盘，使其略高，高低错落有序。

3. 茶席布置

该作品使用生活茶席，铺垫的材质、色彩、插花、摆件极富生活气息。铺垫是深蓝色的星空，与孤独症儿童被称为"星星的孩子"相呼应；插花为天蓝色满天星花束（花语：爱与关怀）；挂画为鹿角上开满鲜花的一只小梅花鹿，寓意春暖花开，永葆童真；工艺品摆件包含小天使荡秋千摆件、纯白捕梦网挂件、仙女旋转蜡烛灯，营造温馨氛围；蓝丝带装饰（印有文字：关爱孤独症儿童，爱让星空蓝起来）。

（三）表演者形象

该作品的表演者扮演的是孤独症儿童，在服饰、妆容、发型的设计上都比较符合孩子自然、纯真的形象。孤独症儿童沉浸在内心的小世界中，不善表露自我、不会与他人沟通，仿佛只身一人活在遥远的星星上，有自身独有的光芒，被大家称为"星星的孩子"。因此茶艺表演者身着纯白色立领中袖的棉麻上衣，深蓝色星空纱裙，平底藕色浅口单鞋。妆容清淡，具有裸妆感，发型简单自然，整体比较日常。

（四）流程

该作品的冲泡流程具有科学性，冲泡信阳毛尖选用中投法。其艺术性体现在茶艺表演与情景故事相结合上。入场时，茶艺师抱着布娃娃躲在帐篷中与镜子里的自己悄悄对话，沉浸在自己的小世界里，以交代角色的特殊性。泡茶过程是"慢慢"（角色名）走出自己世界的过程，从封闭抗拒新事物（茶）到接受，最终独自冲泡好一杯茶，并用其表达对妈妈的爱与感恩。

《星语茶　慢时光》茶艺流程

步骤		技术参数
前期准备	准备泡茶用水	纯净水、85℃左右
入场（备器）	自述	表现孤独症儿童在日常生活中的封闭状态
泡茶	赏茶	
	洁具	
	润茶	采用中投法，投茶量在4克左右
	冲泡	七分满
奉茶、品茶	奉茶	
	回座、品茶	
结尾		故事的延续

（五）解说词

该作品的解说词在设计上也颇有创新性，文本具有两条故事线，一条是孤独症儿童，一条将茶叶拟人化，均用第一人称叙述。没有辞藻的堆砌，以简单的文字打动人心。表演者扮演孤独症儿童进行现场自述，声音没有华丽的技巧，全程流露着真诚，背景展示茶的拟人角度。以赏茶步骤为例。孤独症儿童：2010年，这是我跟我的朋友的游戏时间。每天这个时候，妈妈都会陪着我，还给我介绍新朋友，喏，这就是我的好朋友——茶。茶叶：日复一日，春去秋来，739天之后，我看到慢慢终于走向我，一步，一步，一步。在妈妈的引导下，我们相识、相知，成为彼此的好朋友。

（六）意境

1. 背景音乐

该作品的背景音乐围绕孤独症儿童进行选择，表达对"星星的孩子"的关爱。以陈明章演奏的变奏版《小星星》钢琴曲导入，结合主题和情节，依次截取《我是星星的孩子》和《星星

舞台布置

的妈妈》以关爱孤独症儿童为主题的公益歌曲的片段，最后依旧用《小星星》钢琴曲收尾，前后呼应，相得益彰。

2. 背景视频

该作品的背景视频，不以营造意境为目的，而是借助视频创建茶叶的拟人角色，实现背景中的茶与表演者、观众的互动。以茶叶视角进行第一人称叙述，讲述慢慢如何成长转变。也会呈现蓝天白云、茶山茶园、青山绿水，体现出冲泡绿茶时慢慢的心境，干净纯洁，安静美好。最后，背景视频的叙述从小家提升到大家，把家庭关爱提升到社会关怀。介绍了全世界孤独症儿童的基本情况、社会生存现状，并呼吁大家对孤独症儿童多一分了解，多一分关爱。滚屏呈现了各个城市在 4 月 2 日世界孤独症日，参与"闪亮星星计划"，举办众多关爱孤独症儿童的社会公益活动的画面，号召更多的人加入这个行列，参与到"爱让星空蓝起来"的蓝丝带关爱孤独症儿童的公益活动中来。

3. 舞台

该作品场景设定是在家庭中，因此其舞台布置在美观的前提下，尽可能贴近生活的真实状态。在茶席后方，摆放帐篷、镜子、布娃娃、彩灯、彩旗、相册、儿童画册、小玩具，十分温馨。帐篷是慢慢自己的领地，象征封闭和不愿接触社会；镜子象征孤独症儿童内心孤独，往往是自言自语，跟自己交流，利用镜子可以很好地呈现出孤独症儿童封闭的内心，自己跟自己做朋友，对着镜子里的自己说话；布娃娃跟彩灯的布置，象征呵护孩子的稚嫩童心，希望像点亮黑夜一样照亮孩子的内心。

君山银针

君山秀峰

四、茶旅融合类茶艺作品——《君山怀古　情系天下》

编创团队：湖南农业大学

该作品获 2018 年第四届全国大学生茶艺技能大赛团体赛一等奖。

（一）主题

自古以来，君山有爱民如子的舜帝、美丽坚贞的湘妃、重情重义的柳毅和忧乐天下的范公。该茶艺作品以展现君山美景、讲君山故事为主题，讲述古时君子不畏浮沉、一心为民的感人故事，抒发当代茶学学子自强不息、报效祖国的豪情壮志。

主题立意深远，不仅融合了君山的自然风景、历史典故，也提炼出了人文精神与品质，将茶、景、人完美融合，并从中汲取精神力量鼓舞当代茶学学子。古今结合，古为今用，既能激发观众对君山人文、美景的兴趣，也输出了优秀的文化思想。

（二）茶席

1. 茶品

茶品质量优良，且具有地域代表性，符合主题。选用产自岳阳君山岛的君山银针和君山秀峰。君山银针是芽头型黄茶的典范，有"金镶玉"的美称；君山秀峰采用一芽一叶制作，色泽金黄、锋苗显露。

1 玻璃杯
2 玻璃盖碗
3 茶则与茶匙
4 茶席

1	2	3
4		

2. 茶具

　　选用的茶具符合茶品特性，选用玻璃杯冲泡君山银针以欣赏"三起三落"的茶舞，用玻璃盖碗冲泡君山秀峰。其造型、材质、图案等符合主题，杯身隐饰的山水图案宛如隐约可见的君山，茶则与茶匙取材于君山斑竹，与娥皇女英的典故相呼应。

3. 茶席布置

　　该作品茶席布置得大气、简约、有层次，色彩搭配和谐、清新自然，构建了茶艺所需要的意境，鲜明地表达了主题。茶艺表演区整体以清新的蓝色为主色调，矮茶席桌布为深蓝色山水印花雪纺布，模拟四面环水的君山岛；后方高茶席桌布为米白色，印有蓝色山水画，给人大气之感。解说员区，以青山绿水印花雪纺布为铺垫，摆放有金龟、斑竹茶筒、岳阳楼记书简等，富有君山岛特色，与茶艺师区遥相呼应。插花作品选用绣球花，寓意浪漫、忠贞，暗含湘妃对舜帝的一片至情，柳毅与龙女的坚贞不渝。

茶艺师形象

解说员形象

（三）表演者形象

　　表演者茶艺动作流畅娴熟、礼仪得体、表情自然有感染力。服饰整洁端庄、色彩与茶席协调且与茶品色泽相呼应。女茶艺师选用黄色且具飘逸感的茶服，与君山银针的色泽相应，男茶艺师选用灰色传统中式盘扣，富有诗书气质。讲解员则身着更贴近现代生活的黄色短裙。发型干净大方，女茶艺师选择盘发，方便操作；解说员使用半披发，端庄大方；男茶艺师发型整洁，以展示湖湘儿女的精气神。妆容淡雅，女茶艺师和讲解员为古典中式妆容，温婉文静；男茶艺师则面部干净，展阳刚之气。

（四）流程

　　该作品的冲泡流程符合黄茶的品质特征。在表现形式上，较自然地融入了舞蹈、朗诵等艺术元素，增加了作品的艺术观赏性。开场时解说员的解说用扇面的图案介绍君山美景，引人入胜。泡茶过程中，将科学的冲泡方式艺术化地呈现出来。特别值得称赞的是，在奉茶时等候君山银针汲水浸泡呈现出"三起三落"的美景，需要一分钟左右，因此先奉上君山秀峰，同时舞台上以茶舞的形式具象地、艺术化地呈现出君山银针的"三起三落"。最后以一段朗诵结束，抒发当代茶学学子的大爱情怀。

《君山怀古 情系天下》茶艺流程

步骤		技术参数
前期准备	准备泡茶用水	纯净水、80～85℃
入场	讲述	
泡茶	展具	
	洁具	
	赏茶、投茶	投茶量在 3 克左右
	润茶	
	高冲、出汤、分汤	茶水比为 1∶50
奉茶	奉茶、讲述、茶舞	
结尾	朗诵	

（五）解说词

　　该作品解说词紧扣主题，语句优美，解说员声音好听、普通话标准且富有情感，与茶席、表演者的风格、气质相衬，从文字与声音中延伸出丰富的想象空间。解说词由引子、正文和结尾 3 个部分组成。引子部分用观众熟悉的古诗词，引出茶艺的主角——君山岛及其文化典故，奠定节目整体大气、悠远的感情基调。正文部分，每段以七字诗句开头，结构整齐对称，语言简练优美，浓缩本段主旨，并且介绍了君山岛上的景色。多采用比喻的修辞手法，如"那四面环水的君山，宛如一块晶莹的绿宝石，镶嵌在波光潋滟的洞庭湖之中"。文字生动形象。结尾以七字诗句收尾，语言铿锵有力，表达了当代茶学学子为国效力的决心。

（六）意境

1. 背景音乐

　　作品中的四段背景音乐都符合意境，有助于情感的抒发，且剪辑衔接自然。引子部分选用了刘珂矣《半壶纱》纯音乐，营造大气悠远的意境，引人入胜。后选用李志辉《溪行桃花源》，流水潺潺、微风缓缓、竹叶摇动，思绪也随之来到君山岛上，聆听君山的故事，感受屈子上下求索、范公忧乐天下的君子胸襟。奉茶的音乐转换为郝一刚的《初见》，情绪达到高潮。最后以舞蹈《盛世鸿姿》的伴奏收尾，热烈激昂，振奋人心。

背景视频部分示图

舞台布置

2. 背景视频

　　背景视频画质清晰、构图简洁、色彩和谐。画面内容紧扣主题，根据解说词，呈现君山岛、岳阳楼，以及君山岛上的斑竹、柳毅井、茶园等景色。尤其是在茶舞时，展现君山银针"三起三落"的画面，与茶舞同步，更能让观众直观感受到君山银针上下沉浮的美感。最后，画面呈现出湖湘大地蓬勃发展的现状，以展示当代青年积极向上的全新风貌。

3. 舞台

　　舞台布置简约且突出了君山特色，舞台前方的地面铺上镜面纸、倒上液氮以营造洞庭湖烟波浩渺的景象。舞台后侧摆放着大型竹子道具，搭配竹林光影效果，以还原君山岛上的景观。灯光亮度柔和，色彩以白色、黄色为主，组合造型光圈随音乐节奏缓缓流动，照射在镜面纸上营造出湖面波光粼粼的氛围。虚实相生，颇富意境。

西湖龙井、蜡梅、佛手丝、松子

五、哲思感悟类茶艺作品——《茶廉　风清》

编创者：周虹

该作品获湖南省第一届职业技能大赛优胜奖，创编者获国家职业竞赛"优秀选手"。

（一）主题

中华茶文化集中国古代儒家、道家、佛家的思想精粹于一体，并以儒家思想的"和"为内核，是中国传统文化的瑰宝。几千年以来，形成了"廉、美、和、敬"的茶德精神，形成了独特的中国茶礼茶德和茶道文化。

《茶廉　风清》茶艺作品深入挖掘、提炼升华茶文化中的"廉"文化元素，将清代"三清茶宴"倡导的廉洁思想与现代人推崇的清廉精神相结合，既表现了古代品茗者借物抒情之意又体现了现代人以史明志的思想。

（二）茶席

1. 茶品

选择西湖龙井、蜡梅、佛手丝、松子。梅花象征坚忍不拔、品德高尚，又因其五瓣象征五福；松柏冬夏常青凌寒不凋寓意长寿；佛手谐音福寿，用三清茶敬奉宾客，表达了对宾客过上健康富裕美好生活的祝福，也能使人们达到清廉育德、和诚相处的境界。

1　莲花盖碗

2　茶席

1
2

2. 茶具

　　根据茶艺作品的历史背景，选用金色描边莲花盖碗，粉色莲花绘杯身，莲花具有"花中君子"的美誉，隐喻莲花洁身自好的高贵品质。金色描边，色彩饱满，呈现出精致、典雅之感，凸显出皇家沉稳贵重的王者之气。

3. 茶席布置

　　采用散落式结构。《茶廉　风清》茶艺作品，赞扬清廉之美，茶席布以白色绸缎面料为底，绸缎光泽十足、质地柔软，四周加以纱幔，营造出烟雾朦胧之美，绿色的桌旗给人清新脱俗之感，莲花荷叶散落在茶席之上，似在莲花池中，茶席具有清廉雅致又不失高贵之美。

（三）表演者形象

表演者茶艺动作轻柔，给人自然、静谧之感。服饰与茶艺主题、茶席相呼应。一袭青绿色奥黛长裙，上身修身，裙摆灵动，在表演过程中体现出表演者动静结合、古典飘逸之美。茶艺师，头发中分，用发圈将头前长发扎于头后，发型整体简洁；脸上薄施胭脂，显得雅致朴素、清新脱俗。

（四）流程

茶艺表演采用分段式，整个茶艺冲泡分为三段。冲泡过程打破清饮茶茶艺冲泡表演的常规，入场时通过视频与讲述道出"茶廉　风清"茶艺的历史渊源，在茶饮中融入佛手、松子、蜡梅，使三清茶口感达到最佳，按照松子、佛手—西湖龙井—蜡梅的顺序来进行冲泡，茶饮口感丰富，香气独特。此茶艺作品旨在把丰富的文化内涵与庄严有序的茶仪结合成既有观赏性又有实用性的茶艺表演。

《茶廉　风清》茶艺流程

步骤		技术参数
前期准备	准备泡茶用水	纯净水、80～85℃
引子	介绍"三清茶宴"的由来	
入场	情景表演	
泡茶	展具	
	洁具	
	展示	佛手、蜡梅、松子、西湖龙井（3克）
	投入松子、佛手，一润	
	投入西湖龙井，二润	茶水比为1：50
	投入蜡梅，三润	
奉茶		
结尾	朗诵	

（五）解说词

解说词为视频内容的补充。采用现场解说的形式，优化茶艺表演的现场效果，表演者娓娓道出，声音温柔中不乏坚定。解说词由引子、正文和结尾 3 个部分组成。引子部分按照历史顺序，讲述历代以茶养廉的典故，点明茶艺以茶倡廉的中心思想。正文部分，诗句贯穿其中，全文中心明确，内容紧凑。对"三投三注"的描绘，充分表现出茶汤不同阶段的变化，让人仿佛置身于梅花的暗香中，细细品味三清茶的意境。结尾部分主题思想进一步升华，追古抚今。乾隆皇帝的"三清茶宴"将为官清廉之理寄予茶水之中，意在时时警醒臣子们，为人要有气节，为官要清廉。当代，中共中央春节团拜，仅奉"清茶一杯"。这是中国共产党从延安到北京，几十年来坚持至今的做法，既传承了习俗，也倡导了清廉之风。

（六）意境

1. 背景音乐

音乐主要分为前奏和主曲。前奏《幽静沁人心》，曲风悠缓，听之心境清幽淡然，给人"光而不耀，静水深流"之感，与主题契合，能使观赏者迅速进入茶艺氛围中。主曲《江上清风游》给人潇洒自在之感，与茶艺表演所表达的"一叶扁舟泛江上，半盏清茶淡贫生"的意境相符。

2. 背景视频

背景视频的画面与主题密切相关。视频用陆纳杖侄、齐武帝"以茶为祭"尚廉俭等历史典故引出"以茶养廉"的茶艺主题，前奏部分画面构图简单大气、重点突出。在冲泡过程中，提壶注水的动与流水淙淙的画面相吻合，再配以流水之声，增加动感。该茶艺表演主要传递清雅、廉洁的意蕴。

3. 舞台

舞台美观，让人眼前一亮，用白纱营造雾气袅袅的氛围，茶艺表演桌台右侧用莲花布景，莲花形态不一，有的含苞待放，有的半开半遮，有的全展开来，莲花花瓣落在水面上，交错相映的莲花给舞台增加了生命的灵气，同时，以"莲"寓"廉"，与茶艺主题相呼应。左侧用矮方桌摆放寿山石，再用水草、鹅卵石进行装饰。整体舞台呈现出自然、纯净的氛围。

	1	茶鲜叶
1	2	生米仁
	3	生姜

六、茶风茶俗类茶艺作品——《安化谷雨擂茶》

编创团队：湖南农业大学

（一）主题

擂茶又名"三生汤"，是以生茶叶（茶树鲜叶）、生米仁和生姜为主要原料，经混合研碎，加开水冲调而成的汤，既是充饥解渴的食物，又是祛邪驱寒的良药。《安化谷雨擂茶》茶艺作品，旨在向观众展示擂茶的制作过程，展现安化的习俗。

1	2
3	4

1　花生
2　芝麻
3　食盐
4　擂钵

（二）茶席

1. 食材

（1）主料

擂茶的主料为生茶叶（茶树鲜叶）、生米仁和生姜。

（2）配料

擂茶配料可选择花生、芝麻、豆子，有时还可以添加一些中草药，如金银花、薄荷、艾叶等，最后添加食盐调味。

2. 器具

擂棒：用山茶木制成。

擂钵：用硬陶烧制而成，内有齿纹，使钵内的原料容易被碾碎。

$\frac{1}{2}$

1　茶席
2　表演者形象

3. 茶席布置

《安化谷雨擂茶》茶艺作品茶席的铺垫为藏蓝色碎花桌布，摆放有食盒、碗等，悬挂玉米、辣椒等装饰品，以营造家常、温馨的氛围。

（三）表演者形象

表演者身着安化特色民俗服饰，即蓝底印花上衣，戴碎花头巾；妆容活泼；发型为两个麻花辫，增加俏皮感。

1	备具	5	注水
2	备料	6	调味
3	投料	7	制作好的擂茶
4	研磨	8	敬客

1	2	3
4	5	6
7	8	

（四）流程

　　入场以舞蹈的形式将采茶的过程艺术化，并将角色的活泼感体现出来；研磨制作时主要步骤为：备具→备料→投料（将原料投入擂钵中）→研磨（一边磨一边加入少量开水，直至所有配料磨成糊状）→注水（将开水注入擂钵中，并用擂棒不断搅拌）→调味（加入适量的盐）→敬客（主人用勺子，给客人盛上一碗，恭敬地递到客人手上），并融入观众参与、互动环节，增强观众的体验感；结束仍以舞蹈结束，首尾呼应，诚邀各位嘉宾再次光临。

（五）解说词

　　该作品的解说词开场时先对安化的擂茶文化进行了生动的介绍，使采茶姑娘的形象直观地映入观众脑海。正文部分主要是解释步骤，让观众更直观地了解擂茶的制作方法，其中引用了

背景视频部分示图

当地的歌谣，如"高山砍来山茶木，削个擂槌打擂茶。先放茶叶花生米，再放豆子炒芝麻。客人来了先请进，让客上座喝擂茶"，增加民俗感。结尾描述了擂茶的保健功效以及对宾客身心的影响，并运用当地俗语"吃了谷雨茶，饿死郎中爷"，富有本土气息，展示了当地的文化特色。

（六）意境

1. 背景音乐

音乐风格轻松、明快、欢乐。入场音乐为《春到湘江》（笛子独奏），描绘出安化茶园秀丽的春光；擂茶制作过程的背景音乐为《苗岭的早晨》，截取快节奏片段重复播放，营造擂茶时热闹的氛围；奉茶到结束部分的音乐为《喜洋洋》，洋溢着喜庆的氛围，寄托着美好的祝愿。

2. 背景视频

背景视频开场展示茶园、采茶的场景；在展具、投料过程中，根据解说词一一展示器具与配料；在研磨过程中使用农家庭院的背景，并穿插出现研磨过程；结尾展示安化各个茶园的景色。

3. 舞台

该作品舞台以实景为主。在舞台上搭造出一个农家小院，表演者在小院中招待贵客，颇有亲切感，搭配窗花、扫帚、辣椒、玉米、果篮等装饰，增加场景中的生活气息。

湖南红茶

白瓷盖碗

七、品牌传播类茶艺作品——
《湘茶产业扬风帆　湖南红茶创辉煌》

编创团队：湖南农业大学

（一）主题

《湘茶产业扬风帆　湖南红茶创辉煌》由湖南农业大学于 2018 年编创，是响应湖南省政府打造"湖南红茶"省级公共品牌政策的艺术产物，多次受邀在茶叶博览会上表演，推介"湖南红茶"。该茶艺作品围绕湖南红茶，从产地、品质特点、发展历史等方面进行介绍，并展现出积极乐观的湖湘精神。

（二）茶席

1. 茶品

茶品选择的是产于湖南的优质红茶，具有"花蜜香，甘鲜味"的品质特点。

2. 茶具

茶器选择能充分发挥红茶特性的白瓷盖碗，公道杯选用锤目纹玻璃制品，以清晰地展示茶汤的色泽与明亮度。

1
—
2

1 茶席
2 茶艺师形象

3. 茶席布置

　　茶席铺垫选用藏蓝色桌布搭配红色桌旗。中间茶席用湘绣绣片装饰，以展现湖湘特色，周围分布四个大字"湖南红茶"；左右两边茶席将产品特色"花蜜香，甘鲜味"六字粘贴展示，加深观众对产品品质特点的印象，并以花朵、蝴蝶绣片装饰，仿佛蝴蝶被"花蜜香"吸引，纷至沓来，翩翩飞舞。

　　另外，盖碗与公道杯使用船形壶承托高，使茶席具有层次感且突出重点，并营造出湖南红茶产业扬帆起航的意境，点题"湘茶产业扬风帆"。该茶席未采用插花作品，而是选择将团扇放置于扇架上装饰，古朴典雅。若再放置插花作品，反而画蛇添足，显得桌面不够干净，繁琐冗杂。

（三）表演者形象

　　女茶艺师选择红色或粉色的旗袍或茶服，上有湘绣；男茶艺师选用蓝灰色传统中式盘扣茶服。女茶艺师盘发，男茶艺师将刘海梳上去。妆容采用中式妆容，干净、精神，符合湖湘人积极向上的形象。

（四）流程

湖南红茶茶芽细嫩，选用 90 ～ 95℃ 的水冲泡，且先注入 1/3 的水润茶，使茶芽与水充分接触，再高冲至七分满，以保证茶汤浓度适宜。因品牌推介会有时长限制，且茶艺师去舞台下方奉茶不方便，所以略去台下奉茶、回座品茶的步骤。

该茶艺融合了舞蹈、朗诵等艺术形式。开场用一段具有湖湘特色的舞蹈，吸引观众的注意力。泡茶的过程中通过肢体动作和面部表情展现积极向上的湖湘精神。结尾处以一段朗诵结束，情绪高涨，铿锵有力。

《湘茶产业扬风帆 湖南红茶创辉煌》茶艺流程

步骤		技术参数
前期准备	准备泡茶用水	纯净水、90 ～ 95℃
入场	舞蹈	
泡茶	展具	
	洁具	
	赏茶、投茶	投茶量在 3 克左右
	润茶	
	高冲、出汤、分汤	茶水比为 1：50
奉茶	不下舞台	
结尾	朗诵	

（五）解说词

解说词由引子、正文和结尾 3 个部分组成。引子部分讲究结构齐整对称，采用七字诗句，展现出湖南红茶所蕴含的湖湘文化与精神。正文部分多引用诗句，化茶艺程式为意象，如"洁净的热水滑入杯壁，仿佛听见'清泛三湘夜，中舱听雨眠'的潇湘夜雨""水沿杯壁注入，旋起细细水花……勾画出清代章凯所述的'吹来黔地雨，卷入楚天云'风情万种的湘西风光"。结束部分，采用四字诗句，短小精悍，句句有力，展望"湖南红茶"公共品牌的美好未来。

背景视频部分示图

（六）意境

1. 背景音乐

入场舞蹈部分选用的是演唱版的《浏阳河》，耳熟能详的歌曲能让观众迅速进入情境，感受湖湘风情。泡茶过程应保持安静，因此选用古筝版《浏阳河》。最后以节奏欢快，传递积极向上的情绪的音乐收尾。

2. 背景视频

背景视频主要根据解说词，呈现湖南特色景点，如橘子洲头、岳阳楼、张家界等。当然，因为是推介茶产品，也呈现了茶园、加工过程、干茶色泽、茶汤汤色等。

3. 舞台

因该作品为品牌传播类茶艺作品，舞台上无过多装饰。主要摆放该品牌的系列茶产品以及产品品牌标志。

武陵红茶

白瓷盖碗

八、情感道德类茶艺作品——《武陵红　寄乡愁》

编创者：堵茜

该作品获 2018 年第四届全国大学生茶艺技能大赛个人创新赛一等奖。

（一）主题

《武陵红　寄乡愁》茶艺作品以常德茶文化为中心，以河街的变迁作为背景，将武陵人的河街情、游子心中挥之不去的浓浓乡愁融入武陵红茶中。

（二）茶席

1. 茶品

选用产自常德的武陵红茶，条索紧结，锋苗秀丽，乌黑油润，金毫显露。历史上，常德红茶水路运输借沅澧二水，途经老河街码头，入洞庭，达汉口，再经海上丝绸之路，步出国门，芳名远扬。清末民初，全国红茶中宜红的出口量占总量的 40%。今天的武陵红茶，在宜红的工艺基础上进行创新，推出了"花果香、有机茶"等特色产品，在茶叶市场中有一定的影响力。

2. 茶具

选用湖南醴陵出品的白瓷盖碗，并配有 6 个品茗杯，杯身绘有泠泠流水，似老河街边的沅江水，浩浩汤汤。

1	2
3	4

1、2 茶席
3 表演者形象
4 表演者服饰

3. 茶席布置

茶席使用船只模型，虚实相生，营造出茶艺师坐在河街边的渔船上泡茶的场景，亦有游子乘一叶扁舟的孤独飘零之感。壶承也选用船形，与船只模型相呼应，且能够充分利用空间，托高突出主泡器盖碗，使茶席具有层次感。将叶形杯托于水波纹桌旗上，似沅江上来来往往的船只，营造出河街热闹繁华的氛围。

插花作品将竹制花器设计成渔网状，有生活气息又不失艺术美感，探出一支黄色跳舞兰，点亮了色彩，赋予了茶席生命。跳舞兰花语为快乐无忧，寓意希望来到河街的游子能感受到家的温暖。

（三）表演者形象

常德河街兴盛于清末民初，所以上衣选择了具有斜襟和盘扣元素的清代袄衣，半身裙也是根据清代马面裙改良的，并且用各种织带和桃源刺绣搭配，增强民族感。茶艺师的妆容选择了稍显活泼的干净妆容。发型是双麻花辫，并对折使头发不超过肩部。双麻花辫给整体造型增添了一些活泼感；编发能够防止散落的头发掉到脸上挡住眼睛，使其不超过肩部能避免辫子碰倒茶具影响操作。

（四）流程

武陵红茶茶芽细嫩，内含物丰富，水温过高或过低都会影响茶汤滋味，所以选用 90～95℃ 的水冲泡，且先注入 1/3 的水润茶，使茶芽与水充分接触，再高冲至七分满，以保证茶汤浓度适宜。

该茶艺作品融合了舞蹈、朗诵等艺术形式。开场用一段简单柔美的舞蹈，结合解说词表现主题，奠定整体的感情基调——乡愁。泡茶的过程中通过肢体动作和面部表情最大限度地呈现出茶艺的美，展现积极向上的湖湘精神。结尾处以一段朗诵结束，句句点题，情感层层递进，打动人心。

《武陵红　寄乡愁》茶艺流程

步骤		技术参数
前期准备	准备泡茶用水	纯净水、90～95℃
入场	舞蹈、朗诵	
泡茶	展具	
	洁具	
	赏茶、投茶	投茶量在 3 克左右
	润茶	
	高冲、出汤	茶水比为 1：50
	分汤	
奉茶、品茶	奉茶	
	回座、品茶	
结尾	朗诵	

（五）解说词

解说词由引子、正文和结尾 3 个部分组成。引子部分用诗句来介绍主题，奠定感情基调。正文部分展常德茶文化风采，呈河街历史变迁，融情于武陵红茶，其中对水手起锚扬帆、卖水汉子踏浪挑担、搬运工坐在茶馆喝茶的细节描写，增添了生活气息，更加直观地展示了当时河街浓厚的商业氛围和热闹的市井生活。结尾点题，将情感推向高潮、升华主题。录制的女声优美且富有情感。

背景视频部分示图

（六）意境

1. 背景音乐

　　背景音乐开场使用叫卖声，此起彼伏，渲染河街热闹的氛围。中间选用了钢琴版的《春景》，其中有江南水乡的柔情，有亘古弥珍的感动，还有淡淡的忧思。最后选用了《回味》，一段人声哼唱将情感推向高潮，武陵人对河街的记忆中，有生活的酸甜苦辣，这些味道在漫长的时光中化为武陵人心中的乡愁。

2. 背景视频

　　背景视频以水墨画作为底图，沅江水、码头、船只、河街、茶品等图片如点滴回忆浮现，配合解说词，帮助观众领悟所传达的情感及主旨。结尾处设计巧妙，一张老河街的图片由彩色

舞台布置

慢慢变为黑白色，代表这份河街情会永远留存在我们的记忆中。整个背景视频简单大气，与现场表演共同构成立体、有感染力的茶艺表演作品。

3. 舞台

　　该作品在茶席前摆放船只模型，在地面铺设镜面纸，反射柔和的灯光，呈现江面波光粼粼之感，配合船只模型，使表演者乘坐渔船的场景更有实感。

中国茶道 · 技术之道

第六章
茶之"道"与"技"

Zhongguo Chadao
Jishu Zhi Dao

茶，生长在茶园，通过采摘，按不同的工艺流程分别加工成不同的茶类，成为具有一定形状、色泽和香味的茶产品，按照一定的程式或煮或泡之后成为饮料，供人们品尝与饮用，带来"眼、耳、鼻、舌、身、意"的愉悦感。千百年来，人们在茶事实践中，不断累积经验、提升对茶的审美认知，并通过审美创造，不断丰富茶产品、变革加工技术、美化品茗环境、提升烹茶技艺，人们以茶为载体，以"礼乐"为追求，通过修身体悟，追求"和"的境界。中国茶道是具有丰富文化内涵的饮茶技术规范，对从茶园到茶杯的全程进行规范，包括事茶活动中的技术之道、礼仪之道、修身之道。茶道技术包括了茶园生产、茶叶加工、贮藏保管、烹煮茶饮等技术规则。茶道技术是茶产品质量和茶事实践得以实现的保障，茶道技术的创新是推动茶道繁荣与发展的原动力。毋庸置疑，没有茶道技术的发展和创新，就不可能有丰富多彩的茶产品、形式多样的烹饮方式，也就不会形成中国茶道的多元面貌。

"人法地，地法天，天法道，道法自然。"在中国文化认知中技术远不是只指向物性的技艺层面，而是始终指向"道"的层面。中国古人对"道"与"技"的关系也有着深邃的思考，老子曰："有道无术，术尚可求也。有术无道，止于术。"庄子言："以道驭术，术必成。离道之术，术必衰。""道为术之灵，术为道之体，以道统术，以术得道。"因此，"技术"尽管涉及"术""器""象""意""气"等烙有中国文化印记的认知范畴，但其核心是"道""技"之间的关系。在此，从技术的角度对"道"加以诠释，不仅有助于对"道""技"关系进行理解，还可以通过茶事过程中的"技"让古籍中那些玄奥的"道"变成可以感知的存在。

王前教授的《"道""技"之间——中国文化背景的技术哲学》认为"道"的技术哲学意蕴具有三个层面的含义：一是从本体论层面看，"道"是"技"的理想境界；二是从认识论层面看，由"技"至"道"的发展要靠直观体悟；三是从方法论层面看，"道"对"技"的引导体现为贯彻一系列具有辩证思维特征的准则。这三个层面相互关联、层层递进，构成一个有机整体。形成了"由技入道""由技悟道""以道驭技"等传统技术观念，从而也让茶道技术中"道"与"技"的关系得到了合理的阐释。

一、由技入道

从技术哲学的角度来看，"道"可以理解为技术活动中"合乎事物自然本性的合理的、最优的途径和方法"。

"以技入道"，在这里"道"是"技"的理想境界。是符合事物本性的合理的、最优的途径和方法，体现为技术活动相关要素关系和谐。这些要素不只限于各种技术活动的操作过程，而是涉及技术活动各种内部和外部要素之间的关系。茶道技术从初生就沐着"顺应自然"的智慧之光，西晋杜育创作的中国最早的以茶为题材的诗赋——《荈赋》中说：

> 灵山惟岳，奇产所钟。瞻彼卷阿，实曰夕阳。厥生荈草，弥谷被岗。承丰壤之滋润，受甘露之霄降。月惟初秋，农功少休；结偶同旅，是采是求。水则岷方之注，挹彼清流；器择陶简，出自东隅；酌之以匏，取式公刘。惟兹初成，沫沉华浮。焕如积雪，晔若春敷。若乃淳染真辰，色渍青霜。白黄若虚。调神和内，倦解慷除。

茶生于"灵山"，其时尚无茶树栽培技术，茶多为野生，采茶制茶工具与技术相对落后。但人们已经意识到茶"承丰壤之滋润，受甘露之霄降"，即顺应"天时、地利"而生，通过人们"采、挹、择、酌"等技术操作，就已"焕如积雪，晔若春敷"。整个劳作充满快乐，焕发着诗意的美感，艺术品茗由此发端。

宋代，点茶技术盛行，嗜茶的皇帝赵佶，深谙点茶之道，亲撰《大观茶论》，其中对"点"的描写细致入微，呈现了宋代点茶技术的精要，受到后人的高度赞美。

> 点茶不一。而调膏继刻，以汤注之，手重笔轻，无粟文蟹眼者，谓之静面点。盖击拂无力，茶不发立，水乳未浃，又复增汤，色泽不尽，英华沦散，茶无立作矣。有随汤击拂，手笔俱重，立文泛泛，谓之一发点。盖用汤已故，指腕不圆，粥面未凝，茶力已尽，雾云虽泛，水脚易生。妙于此者，量茶受汤，调如融胶。环注盏畔，勿使侵茶。势不欲猛，先须搅动茶膏，渐加击拂，手轻笔重，指绕腕旋，上下透彻，如酵蘖之起面，疏星皎月，灿然而生，则茶面根本立矣。第二汤自茶面注之，周回一线。急注急止，茶面不动，击拂既力，色泽渐开，珠玑磊落。三汤多寡如前，击拂渐贵轻匀，周环旋复，表里洞彻，粟文蟹眼，泛结杂起，茶之色十已得其六七。四汤尚啬。笔欲转稍宽而勿速，其真精华彩，既已焕然，轻云渐生。五汤乃可稍纵，笔欲轻盈而透达，如发立未尽，则击以作之。发立已过，则拂以敛之。结浚霭，结凝雪，茶色尽矣。六

汤以观立作，乳点勃然，则以筅著居，缓绕拂动而已。七汤以分轻清重浊，相稀稠得中，可欲则止。乳雾汹涌，溢盏而起，周回凝而不动，谓之"咬盏"，宜均其轻清浮合者饮之。《桐君录》曰："茗有饽，饮之宜人。"虽多不为过也。

其大意是：点茶的方法不尽相同。要先往茶盏中的茶末中加少许的水，搅动调和成像溶胶一样的茶膏，片刻后，把沸水注入茶盏，用筅搅拌。如果手重筅轻，茶汤中没有出现粟纹、蟹眼形状的汤花，这叫作"静面点"。大概因为击拂不用力，茶不能立即生发，沸水和茶膏还没有融合，又再增添沸水，茶的色泽还没有完全焕发出来，茶末的英华层层散开，就无法点出汤花了。有的随着沸水注入，不断击拂茶汤，筅重，手用力太大，这时茶面上漂浮着立纹，这叫作"一发点"。大概是因为水调得太久，指腕搅动得不够娴熟连贯，茶面不能像粥面一样凝结而有光泽，而茶的力道已安全散尽，茶面虽然泛起了云雾，可容易生出水脚。这些都谈不上是技术好。而深谙点茶奥妙的人，就会根据茶末的多少注入沸水，将茶膏调得像融化的胶汁。首先，他们环绕茶盏的边沿往里加水，不让沸水直冲茶末，要想使注入的沸水力势不太猛，就要用筅先搅动茶膏，再渐渐加力击拂。手的动作轻，筅的力度重，手指绕着手腕旋转，将茶汤上下搅拌得透彻，就像发酵的酵母在面上慢慢发起一样。汤花色泽皎洁如月，汤面上泛起星星般的汤花，汤面光彩灿烂，这才显示出点茶的真功夫。

第二次注水要从茶面上注入，先要绕茶面像细线一样注水一圈，接着，一边急速注水急速断水，保持茶面纹丝不动，一边用力击拂，茶的色泽渐渐舒展开，茶面上泛起错落有致的珍珠般的汤花。

第三次注水要多，像先前那样击拂，击拂得轻而均匀，围绕着盏心，顺着同一个方向，圆环回旋反复击拂，直到盏里的茶汤里外清澈透亮，粟纹、蟹眼似的汤花泛起凝结，错落地生起，这时茶的色泽已有十之六七了。

第四次注水要少，筅搅动的幅度要宽，速度要慢，这时茶的"真精华彩"已焕发出来，沫饽像云雾一样渐渐从茶面生起。

第五次注水可以稍微不受约束，搅动筅要轻松、均匀、透彻。如果沫饽还没有完全生发，就用力击拂使其生发出来；如果已经生发，就用筅轻轻拂动使茶面收敛凝聚。若汤面上沫饽如云雾、雪花般凝结，就表明汤色已全部呈现出来。

第六次注水是要看茶汤立发的状态。茶面凝结如白乳，就只需缓慢地环绕茶面拂动。

第七次注水是要分辨茶的轻重清浊。观察茶汤稀稠是否适中，如果适中就可以停止。这时汤面细乳如云雾汹涌，好像要溢出茶盏，久久地在盏的周围回旋不动，叫作"咬盏"。

在"点"的过程中，共注水七次，从"调膏"至"乳雾汹涌，溢盏而起"的汤花艺术创作，技术操作变化多样，如注水方式有"环注盏畔、茶面注之"；注水量有多寡之分；运筅的力度有轻有重，就连转运的方式也有"指绕腕旋、周环旋复、筅欲转稍宽而勿速、缓绕拂动"等等。水的多少、力的大小、筅的运用，稍有不协调，则无法达到理想效果。只有人、水、器、艺等高度协调才能达到理想效果，这一过程的完成需要无比精湛的技术，但从其描述中，看不到丝毫苦与累，反而其中的"融胶""真精华彩，既已焕然，轻云渐生""结浚霭，结凝雪""乳雾汹涌，溢盏而起"等描述都充满审美趣味。若是穿过时光隧道，看到一位文人气的帝王端坐茶桌前，凝神定气，一手运茶筅，一手执水注，在或急或缓的旋转中，眼观汤花泛白，雾起云涌，展现出精妙的点茶技术，其中也寄寓了一代帝王的治国理想"至治之世，岂惟人得以尽其材，而草木之灵者，亦得以尽其用矣"。点成有浓厚沫饽的茶汤，喝了特别有益身体。即使喝得很多也不为过。在这里，高超的"点茶"技术将茶末变成一碗既满足审美、又有益身体健康的茶汤。

唐代杨万里所做的一首茶诗——《澹庵坐上观显上人分茶》，记录了分茶高手显上人在兔毫盏面上幻变出各种奇特的画面，有如变化莫测的山水天空，或似劲疾洒脱的草书，令人惊叹。

分茶何似煎茶好，煎茶不似分茶巧。蒸水老禅弄泉手，隆兴元春新玉爪。
二者相遭兔瓯面，怪怪奇奇真善幻。纷如擘絮行太空，影落寒江能万变。
银瓶首下仍尻高，注汤作字势嫖姚。不须更师屋漏法，只问此瓶当响答。
紫微仙人乌角巾，唤我起看清风生。京尘满袖思一洗，病眼生花得再明。
叹鼎难调要公理，策勋茗碗非公事。不如回施与寒儒，归续茶经传衲子。

二、由技悟道

中国文化特别强调"悟"，中国古代的技术发明和技术知识很多都是"悟"出来的，中国古代的技术成就之所以能够在当时世界居于领先地位，在一定程度上正是由于传统文化强调悟性思维，"悟"是一种可意会难以言传的境界，能工巧匠们在特定的技术情境中，通过悟性、经验累积获得技术知识，然后将所得作用于技术对象从而完成技术目标。所以，在某些情况下，一些能工巧匠完全可以凭借下意识的操作来完成技术活动。《庄子·天道》中记载了一则生动的例子——"轮扁斫轮"。

世之所贵道者，书也。书不过语，语有贵也。语之所贵者，意也，意有所随。意之所随者，不可以言传也，而世因贵言传书。世虽贵之，我犹不足贵也，为其贵非其贵也。故视而可见者，形与色也；听而可闻者，名与声也。悲夫！世人以形色名声为足以得彼之情。夫形色名声，果不足以得彼之情，则知者不言，言者不知，而世岂识之哉！

桓公读书于堂上，轮扁斫轮于堂下，释椎凿而上，问桓公曰："敢问：公之所读者，何言邪？"公曰："圣人之言也。"曰："圣人在乎？"公曰："已死矣。"曰："然则君之所读者，古人之糟粕已夫！"桓公曰："寡人读书，轮人安得议乎！有说则可，无说则死！"轮扁曰："臣也以臣之事观之。斫轮，徐则甘而不固，疾则苦而不入，不徐不疾，得之于手而应于心，口不能言，有数存焉于其间。臣不能以喻臣之子，臣之子亦不能受之于臣，是以行年七十而老斫轮。古之人与其不可传也死矣，然则君之所读者，古人之糟粕已夫！

"扁"是一位制作车轮技术高超的工匠，而他制作车轮的诀窍，在于"口不能言，有数存于其间"。斫轮的技术只存在于轮扁一人的头脑中，无法传递，即使是轮扁自己的儿子也无法掌握父亲的技术，这种技术只能靠"心"来把握，即"得之于手而应于心"，所以轮扁悲叹自己年过七十还不得不终日劳顿制作车轮。他用自己的体验对齐桓公所读古人之书表示质疑，事实上是对文字传递信息准确性的质疑，是对"悟"的强调。

就庄子而言，其写作这篇寓言的初衷在于阐释他"言不尽意"的观点：语言文字作为载体是不能完全表达人类思想的，思想作为内涵永远要大于语言形式本身。用现代语言来阐述庄子所言的"言不尽意""口不能言"，即为隐性知识。隐性知识的概念是英国当代著名物理化学家、哲学家迈克尔·波兰尼（Michael Polanyi）提出的，他认为："人类的知识有两种。通常被描述为知识的，即以书面文字、图表和数学公式加以表述的，只是一种类型的知识。而未被表述的知识，像我们在做某事的行动中所拥有的知识，是另一种知识。"他把前者称为"显性知识"，而将后者称为"隐性知识"，按照波兰尼的理解，显性知识是能够被人类以一定符码系统加以完整表述的知识。最典型的是语言，也包括数学公式、图表、盲文、手势语、旗语等各种符号形式。隐性知识和显性知识相对，是指那种我们知道但却难以言述的知识。隐性知识本质上是一种理解（understanding），是一种领会，把握经验，重组经验，以期实现理智控制。心灵的隐性能力在人类认识的各个层次上都起着主导作用。隐性知识是自足的，而显性知识则必须依赖于被默会地理解和应用。因此，显性知识根植于隐性知识。

茶圣陆羽所撰写的世界上第一部茶书《茶经·三之造》中有对饼茶品鉴技术的描写：

> 茶有千万状，卤莽而言，如胡人靴者，蹙缩然；犎牛臆者，廉襜然；浮云出山者，轮囷然；轻飙拂水者，涵澹然。有如陶家之子，罗膏土以水澄泚之。又如新治地者，遇暴雨流潦之所经，此皆茶之精腴。有如竹箨者，枝干坚实，艰于蒸捣，故其形籭簁然。有如霜荷者，茎叶凋沮，易其状貌，故厥状委悴然。此皆茶之瘠老者也。自采至于封七经目，自胡靴至于霜荷八等。或以光黑平正言嘉者，斯鉴之下也；以皱黄坳垤言佳者，鉴之次也；若皆言嘉及皆言不嘉者，鉴之上也。何者？出膏者光，含膏者皱；宿制者则黑，日成者则黄；蒸压则平正，纵之则坳垤。此茶与草木叶一也。茶之否臧，存于口诀。

从采摘到封装，经过七道工序；从类似靴子的皱缩状到类似经霜荷叶的衰萎状，共分八个等级。（对于成茶）有的人把光亮、黑色、平整作为好茶的标志，这是下等的鉴别方法。把皱缩、黄色、凸凹不平作为好茶的特征，这是次等的鉴别方法。最高妙的鉴别技术应是既能指出茶的优点，又能指出缺点。为什么呢？因为压出了茶汁的就光亮，含着茶汁的就皱缩；过了夜制成的色黑，当天制成的色黄；蒸后压得紧的就平整，任其自然的就凸凹不平。这是茶和草木叶子共同的特点。陆羽列出了诸多鉴别技术与方法，但终究影响茶类品质优劣的因素不一而足，因而也造成了鉴别技术与方法需要综合多方面的因素，包括品饮者积累的体验与经验，不是能用简单言语表述清楚的。故一言以蔽之："茶之否臧，存于口诀。"其正如波兰尼所描述的隐性知识，是一种需要通过领会，把握经验，重组经验，不断累积，才可能掌握的高妙的鉴别技术。

如是，我国传统技术知识在形态上分为显性知识和隐性知识两类，前者能够用语言文字明确表达，后者往往"可意会而难以言传"，必须靠领悟才能把握。我国传统技术，强调直观体悟，技术知识的表达和领悟不是截然对立的。前者是后者的外化，后者是前者的内化，两者共同构成技术知识整体。隐性知识的重要性在当代的技术活动中被越来越多的人认识到，这不仅使我国古代技术发明迭出的文化现象得到合理解释，而且对现代技术知识的管理和知识创新活动有深刻的启示。"由技悟道"是具有中国文化特色的技术认识论的核心内容。它涉及技术知识的领悟、表达、传授，以及隐性技术知识同显性技术知识的结合，还涉及技术发明的文化底蕴问题。

如茶叶加工、茶叶冲泡、茶叶审评等技术，皆是基于显性和双重指导。同样的鲜叶、同样的工艺，不同制茶师制出的茶品品质天差地别，同样的茶、同样的水和器，不同的茶师泡出来的味道大相径庭，这是因为隐性知识的存在。评鉴茶品时除了审评术语还需结合分数、等级综合评定，理解了高低之别。

如何才能心领神会，"由技悟道"？只有通过"虚静""笃守"方可实现。"虚静"即摒弃一切杂念，达到"心斋"；"笃守"，一心一意，达到"忘我神遇"之境。即在排除外在一切干扰的前提下，一心一意领悟、体会、掌握技术。当能工巧匠成为"得道高人"，他们便已超越普通的技术实践者，能随心所欲地协调技术活动中的各个要素，人与技术工具、人与技术对象、技术工具与技术对象等。最重要的是技术实践活动的终极目的并不只是掌握技术或者出神入化地应用这种技术，而是通过技术实践活动让"道"渗透到实践者的内心，从而达到精神上的超越。

苏轼《汲江煎茶》从生火、取水、煮水、煎茶几方面细腻生动地描写茶事技术活动，继而在明月、松风高雅之物的映衬下，不知不觉中转化为旷达的胸襟和豪放的人生境界，这同样是"由技悟道"。

活水还须活火烹，自临钓石取深清。
大瓢贮月归春瓮，小杓分江入夜瓶。
雪乳已翻煎处脚，松风忽作泻时声。
枯肠未易禁三碗，坐听荒城长短更。

在宋代文坛上与茶结缘的人不可悉数，但没有一位能如苏轼一样熟谙品茶、评水、烹茶、种茶之法，以茶会友，以茶参禅，以茶作文，以茶悟道。也正因为如此，尽管仕途险恶，但苏轼并没有在困难之中倒下，相反，他从来没有停止过对自由的向往，在茶中悟出了生命真味。

苏轼《浣溪沙》细雨斜风作晓寒，淡烟疏柳媚晴滩，入淮清洛渐漫漫。雪沫乳花浮午盏，蓼茸蒿笋试春盘，人间有味是清欢。

人生的滋味正如茶、蓼草、蒿笋一样清苦，人生道路中总会有细雨斜风，但风雨过后将是明媚晴日，生命的历程正如品茶：唯有品得清苦，才能味到甘甜。这种对茶味的理解给了他自强不息的强大精神力量，使他在人生路上，虽迭遭坎坷而仍能不改其志，始终保持积极乐观的人生态度，并能随缘自适，圆融贯通，自由无碍。

三、以道驭术

技术越发展，变革自然的力度越大。但它在造福人类的同时，也带给了人类负面影响。如何尽可能避免技术带来的负面效应？从"道"中可以找到答案，"道"的最高境界就是"顺应自然"。

老子曰："人法地，地法天，天法道，道法自然。"《周易》中提出，人的活动应该"与天地合其德，与日月合其名，与四时合其序"，这就要求人们的技术活动符合天地生养、昼夜更替、四季代序的规律，使技术活动过程尽可能与自然规律相符合。此外，在中国传统文化中，"道德"占有相当重的分量，"太上有立德，其次有立功，其次有立言"（《左传·襄公二十四年》）"百行以德为首"（《世说新语·贤媛》）等都把道德放在首要位置。在我国传统技术发展过程中，伦理道德层面上"道"与"术"的关系有着鲜明的中国特色。"以道驭术"，并非指一般意义上"道"对"技"的引导，而是指技术行为和技术应用要受伦理道德规范的制约。

传统文化中技术伦理道德体现在以下几方面。

第一，"民胞物与"的生态伦理观。力求达到人、技术、自然和谐共处的境界。宋代张载在《西铭》中明确提出：

乾称父，坤称母，予兹藐焉，乃混然中处。故天地之塞，吾其体；天地之帅，吾其性。民，吾同胞；物，吾与也。

将天地视为父母，天地孕育了万物，人与万物同生共长，浑然无别。人与人、人与自然犹如同胞手足，同以乾坤之德为生命根源。因此，技术活动中人与自然之间的关系应是平等而和谐的。皎然的《顾渚行寄裴方舟》一诗生动地描绘了一幅茶山生产美景图。

我有云泉邻渚山，山中茶事颇相关。鹧鸪鸣时芳草死，山家渐欲收茶子。
伯劳飞日芳草滋，山僧又是采茶时。由来惯采无近远，阴岭长兮阳崖浅。
大寒山下叶未生，小寒山中叶初卷。吴婉携笼上翠微，蒙蒙香刺罥春衣。
迷山乍被落花乱，度水时惊啼鸟飞。家园不远乘露摘，归时露彩犹滴沥。
初看怕出欺玉英，更取煎来胜金液。昨夜西峰雨色过，朝寻新茗复如何。
女宫露涩青芽老，尧市人稀紫笋多。紫笋青芽谁得识，日暮采之长太息。
清泠真人待子元，贮此芳香思何极。

茶园所处之地，在清泉潺潺的顾渚山上，常年云雾缭绕。每年秋季，鹧鸪鸣、草儿枯，是采收茶籽的季节；春季来临，伯劳飞、芳草长，美丽的采茶女在茶园中忙着采茶，茶芽上的露珠也带着清香，纤手采得茶满筐，欢歌笑语阵阵传，时时惊动鸟儿飞起。在诗人笔下水有灵，茶有情，鸟也知人意，人与自然浑然一体，"民胞物与"，万物和谐。

显然，这种以"民胞物与"为核心的生态伦理观是充满诗意的，也是有助于保护自然，并有益于人类可持续发展的。当代生态茶园管理技术的推广正是传统生态伦理观的延续。

第二，"以善为本"的职业伦理观。无论是技术人员的职业操守，还是产品的功用都应以"善"为标准。孙思邈在《千金要方·大医精诚论》中就认为对医师职业道德的要求甚至高于医术，"凡大医治病，必当安神定志，无欲无求，先发大慈恻隐之心，誓愿普救含灵之苦"。凡是问医求药者"不得问其贵贱贫富，长幼妍媸，怨亲善友，华夷愚智，普同一等，皆如至亲之想。亦不得瞻前顾后，自虑吉凶，护惜身命……一心赴救"。医德是良医最基本的条件，如果缺乏医德一切都无从谈起。对产品而言，要以有益民生、有益社会为伦理标准。

陆羽《茶经》言："茶之为用，味至寒，为饮最宜精，行俭德之人。若热渴、凝闷、脑疼、目涩、四支烦、百节不舒，聊四五啜，与醍醐、甘露抗衡也。"茶的最大效用是有利于人体健康，茶人或参与人员都需以"俭、德"为标准。

第三，倡导"俭德重义"的精神。由于畏惧技术双刃剑效应，人们产生了对"奢靡享乐""重利轻义"的防范，认为技术活动只有符合大多数人的利益，而不是满足个人私利时，才可能创造出善的、和谐的、诗意的技术。因为中国古人早就意识到，如果不加以规范，技术在给人带来物质享受的同时，也会刺激出来人性中贪婪、邪恶的一面。

《世说新语·汰侈》中写王恺与石崇争富：

王君夫以饴糒澳釜，石季伦用蜡烛作炊。君夫作紫丝布步障碧绫里四十里，石崇作锦步障五十里以敌之。石以椒为泥，王以赤石脂泥壁。

王恺用麦芽糖和饭来擦锅，石崇用蜡烛当柴火做饭。王恺用昂贵的紫丝编织成的布匹做步障，衬上绿绫里子，长达四十里；石崇则用锦缎做成长达五十里的步障来和他抗衡。石崇用花椒来刷墙，王恺则用赤石脂来刷墙。这种争强斗富的行为已经演化为一种恶劣的社会风气，造成了极其糟糕的社会影响。作者用讽喻的手法深刻鞭挞了这种奢靡之风，奢靡之风不仅是社会经济层面的顽症，从深层次的角度看，这是诗意的技术被扫一破之后的恶果，"反对奢靡"的要求折射出人们对技术应该求简务实、保持真善美和谐统一的认识。

成为"行俭德之人"是茶圣陆羽所希冀的，他所倡导的"行俭德"治茶理念是《茶经》的精髓所在，也是对"抵制奢靡"的伦理技术之道的实践。《茶经·七之事》中陆纳"以茶养廉"并视之为"素业"就是最好的例证。尽管当时宫廷饮茶之道讲究器之华贵，多用金银美玉，但陆羽在《茶经》中却主张多用竹木之类器，一则可益茶香，二则可免奢华。因"用银为之，至洁，但涉于侈丽"。字里行间中体现出陆羽讲究的是节俭实用，崇尚的是一种无华的"俭朴美"。而"行俭德"，即要求人们通过饮茶活动，把自己的思想行为和道德观念，逐渐有意识地纳入"俭"的轨道，使自己具有高尚的情操和良好的品德。陆羽以身作则为后人作出了榜样：为了著作茶书，呕心沥血近 30 年，行程数千里，前后考察 30 余县，在当时交通极为不发达的条件下，不可谓不认真，不可谓不艰辛。从友人相赠的诗作中也可以得到印证，皇甫冉《送陆鸿渐栖霞寺采茶》："采茶非采菉，远远上层崖。布叶春风暖，盈筐白日斜。旧知山寺路，时宿野人家。借问王孙草，何时泛碗花。"皎然《访陆处士不遇》："太湖东西路，吴王古庙前。所思不可见，归鸿自翩翩。何山尝春茗？何处弄清泉？莫是沧浪子，悠悠一钓船。"历经长期的亲身体验，陆羽加深了对茶的理解，更对茶倾注了无限深情，终著成茶学巨著《茶经》，然书仅 7200 多字，真乃字字珠玑。尤其值得一提的是，陆羽的"茶道"主张。据考证，陆羽著书时，正值唐代茶道大盛之时，有寺院禅茶、文士茶道、宫廷茶道等，均有极其严格的礼仪制度和奢华的场面。不可否认的是陆羽不但熟知，而且有身临其境，但他的《茶经》中连道听途说的饮茶趣事都有记录，而富于奢华与苛求程式的宫廷茶道等并没有得到推崇。在《茶经 · 九之略》中他表明了态度：他崇尚的是松涧、岩上、洞中的原始生态之美。换言之，他反对那种拘于形式、奢侈豪华之茶习，始终贯穿了"行俭德"的指导思想。因此，如果以为《茶经》的意义仅仅在于提供制茶、烹茶、饮茶的技术指导，那就会流于肤浅，诚如宋代陈师道在《茶经序》中所言：

> 昔先王因人而教，同欲而治，凡有益于人者，皆不废也。世人之说，曰先王诗书，道德而已。此乃世外执方之论，枯槁自守之行，不可群天下而居也。史称羽持具饮李季卿，季卿不为宾主，又责论以毁之。夫艺者，君子有之，德成而后及，所以用于民也。不务本而趋末，故业成而下也。学之谨之！

陆羽高尚的职业道德以及他所倡导的"精行俭德"的治茶理念具有穿越时光的魅力，焕灼灼光明，照耀至今。

概而言之，无论是"民胞物与"的生态伦理观，还是"以善为本"的职业伦理意识，抑或是"俭德重义"的精神，都在很大程度上规范着中国传统技术，"技"是"道"之本，"道"是"技"的目标，"道"也是"技"的规范。也正因为如此，无论是造纸术、指南针、火药、印刷术的技术发明，还是茶道技术的产生与发展，中国传统技术始终不离"造福人类"的初衷。